四川省工程建设地方标准

四川省公共建筑机电系统节能运行技术标准

Technical standard for energy efficiency operation of public building mechanical and electrical system in Sichuan Province

DBJ51/T 091－2018

主编部门：四 川 省 住 房 和 城 乡 建 设 厅
批准部门：四 川 省 住 房 和 城 乡 建 设 厅
施行日期：2 0 1 8 年 8 月 1 日

西南交通大学出版社

2018 成 都

图书在版编目（CIP）数据

四川省公共建筑机电系统节能运行技术标准 / 四川省建筑设计研究院主编. —成都：西南交通大学出版社，2018.9

四川省工程建设地方标准

ISBN 978-7-5643-6389-5

Ⅰ. ①四… Ⅱ. ①四… Ⅲ. ①公共建筑－机电系统－节能－技术规范－四川 Ⅳ. ①TU242-65

中国版本图书馆 CIP 数据核字（2018）第 205075 号

四川省工程建设地方标准

四川省公共建筑机电系统节能运行技术标准

主编单位 四川省建筑设计研究院

责任编辑	姜锡伟
助理编辑	李华宇
封面设计	原谋书装
出版发行	西南交通大学出版社 （四川省成都市二环路北一段 111 号 西南交通大学创新大厦 21 楼）
发行部电话	028-87600564 028-87600533
邮政编码	610031
网址	http：//www.xnjdcbs.com
印刷	成都蜀通印务有限责任公司
成品尺寸	140 mm × 203 mm
印张	4.5
字数	114 千
版次	2018 年 9 月第 1 版
印次	2018 年 9 月第 1 次
书号	ISBN 978-7-5643-6389-5
定价	34.00 元

各地新华书店、建筑书店经销

四川省住房和城乡建设厅关于发布工程建设地方标准《四川省公共建筑机电系统节能运行技术标准》的通知

川建标发〔2018〕464号

各市州及扩权试点县住房城乡建设行政主管部门，各有关单位：

由四川省建筑设计研究院主编的《四川省公共建筑机电系统节能运行技术标准》已经我厅组织专家审查通过，现批准为四川省推荐性工程建设地方标准，编号为：DBJ51/T091—2018，自2018年8月1日起在全省实施。

该标准由四川省住房和城乡建设厅负责管理，四川省建筑设计研究院负责技术内容解释。

四川省住房和城乡建设厅

2018年5月25日

前　言

根据四川省住房和城乡建设厅《关于下达工程建设地方标准〈四川省公共建筑机电系统节能运行技术标准〉编制计划的通知》(川建标发〔2015〕827号)的要求，标准编制组经广泛调查研究，认真总结实践经验，参考有关国内外标准和先进技术经验，并在广泛征求意见的基础上制定本标准。

本标准共10章6个附录，主要内容包括：总则，术语，基本规定，管理制度，供暖、通风与空调系统，供配电与照明系统，电梯系统，给排水系统，可再生能源利用系统和监控系统与数据挖掘等。

本标准由四川省住房和城乡建设厅负责管理，四川省建筑设计研究院负责具体技术内容的解释。执行过程中如有意见或建议，请寄送四川省建筑设计研究院(地址：成都市天府大道中段688号大源国际中心1栋；邮政编码：610093；联系电话：028-86933790；邮箱：sadi_jsfzb@163.com)。

主编单位： 四川省建筑设计研究院

参编单位： 中国建筑西南设计研究院有限公司
成都市建筑设计研究院
麦克维尔中央空调有限公司
四川雪球能源科技有限公司
四川泰立智汇科技有限公司

主要起草人： 邹秋生　王　瑞　胡　斌　程永前

王　曦　熊小军　王家良　毛雨露
贺　刚　黄志强　粟　珩　吴银萍
周伟军　白登辉　汪　玺　徐永军
郑　刚　王　飞　史　翔

主要审查人： 王金平　杨　玲　王　军　唐　明
廖　楷　罗　于　付文翱

目　次

Contents

1 总 则

1.0.1 为贯彻落实节能减排方针政策，提高公共建筑能源利用效率，降低建筑能耗，增加机电系统全寿命期价值，规范公共建筑机电系统节能运行管理，制定本标准。

1.0.2 本标准适用于四川省公共建筑机电系统节能运行管理。

1.0.3 公共建筑的机电系统节能运行管理除应执行本标准外，尚应符合国家和四川省现行有关标准的要求。

2 术 语

2.0.1 节能运行 energy efficiency operation

建筑使用过程中，在保障建筑功能、保证人员健康和舒适性的前提下，为提高系统能效、降低建筑能耗，采取各种行之有效的节能管理手段和运行控制策略，对建筑机电系统进行的管理。

2.0.2 设定温度 setting temperature

供暖、空调系统运行时房间温度的设定值。设定温度是一个温度控制点，是供暖、空调设备启停和调节的依据。

2.0.3 调试 test，adjust and balance

在建筑安装完成投入使用前，通过对建筑机电系统的测试、调整和平衡，使系统达到无负荷静态的设计状态。

2.0.4 调适 commissioning

在建筑使用过程中，根据使用情况对建筑机电系统进行验证和再调整，以确保供暖通风与空调系统、供配电系统及给排水系统满足实际负荷工况下用户要求。

2.0.5 免费供冷 free cooling

在不启动人工制冷设备的前提下，利用自然冷源提供冷量的供冷方式。

2.0.6 数据挖掘 data mining

通过对大量数据的分析，发现有用的信息的过程。数据挖掘可以采用计算机辅助工具，通过特定的计算方法在大型数据存储库中自动发现相关信息，也可以通过人工分析、比较寻找相关信息。

2.0.7 负荷预测 predicting of the energy consumption of the building

根据室外环境参数、建筑功能及使用情况、机电系统运行特性等诸多因素，在满足一定精度要求的条件下，对未来某特定时刻（或时间段）建筑的负荷特征及负荷大小进行的预测，包括对供热量、供冷量、供气量、供电量、供水量等的预测。

2.0.8 分项计量 itemized metering of building energy consumption

针对建筑物使用能源的种类和建筑物用能系统类型实施的分类分项能源消耗计量方式。

2.0.9 集中热水供应系统 central hot water supply system

供给一幢、数幢建筑或多功能的单栋建筑中一个、多个功能部门所需热水的系统。

2.0.10 局部热水供应系统 local hot water supply system

供给单个或数个配水点所需热水的供应系统。

3　基本规定

3.0.1　公共建筑机电系统应由具有专业知识的人员进行运维管理。

3.0.2　建筑机电系统节能运行管理不能以损害人员健康和降低舒适性为前提。

3.0.3　建筑机电系统运维管理机构应建立完善的节能管理制度。

3.0.4　在公共建筑运营阶段，运维管理机构应结合当地气候条件、建筑使用功能、建筑能耗特征以及机电系统形式制定适宜的节能运行措施。

3.0.5　机电系统运维管理机构应加强宣传，培养节能意识，激发建筑使用者自觉参与节能减排工作。

3.0.6　机电系统运维管理机构应对建筑能耗数据做完整的分项记录，并根据记录数据，挖掘节能潜力。

3.0.7　应对机电系统做妥善的维护保养，延长设备服务周期，保证系统长期高效运行。

4 管理制度

4.1 一般规定

4.1.1 机电系统运维管理机构应在管理工作开始前，对建筑的基础建设和重要系统设备等进行承接查验，必要时应邀请项目设计、施工等单位的专业技术人员对运维管理人员进行技术交底。

4.1.2 应根据系统特点合理制定供暖通风与空调系统、供配电与照明系统、给水排水系统及电梯系统等重点用能系统的节能运行管理制度；管理制度应参照国家标准《质量管理体系要求》GB/T 19001、《环境管理体系要求及使用指南》GB/T 24001、《职业健康安全管理体系要求》GB/T 28001的要求制定。

4.1.3 各项运行记录与管理工作记录应齐全、准确。

4.2 人员管理

4.2.1 运维管理人员应具备相关专业知识和专业技能；对于需要具备专业操作资格证书的特种作业岗位，上岗人员必须持有相应的资格证书并经培训考核上岗。

4.2.2 运维管理人员应当熟悉所管理系统的原理及其操作规程，掌握相应的节能运行技术，坚持实事求是、责任明确的原则，严格遵守有关的规章制度。

4.3 运维管理

4.3.1 应建立健全机电系统节能运行操作规程和应急预案，相关制度应在现场明示，操作人员应严格遵守规定。

4.3.2 应建立健全巡回检查制度；巡检人员应按规定定时对设备设施进行巡回检查，对发现的设备故障及异常状态，应及时查找原因、检修处理或上报，并做好巡检记录和异常处理记录。

4.3.3 应建立健全机电系统运行参数记录制度；运维管理人员应按规定定时记录系统与设备运行数据，记录的数据应有运行值班人员签字。

4.3.4 应建立健全节能检测调适制度；运维管理人员应定期对设备及系统的主要参数进行检测，并根据检测结果进行相应的调适。

4.3.5 应建立健全能耗计量与统计分析制度；建筑能耗应分类、分项计量，运维管理人员应定期对能耗进行统计分析，总结用能变化规律及其影响因素，挖掘节能潜力，并制定下一周期节能运行方案。

4.3.6 应建立健全定期运行分析评价制度；运维管理人员应定期对系统运行与管理情况进行分析评价，形成分析结论及整改方案，并报告建筑产权人、用户或运行委托单位等。

4.3.7 应建立健全定期维护保养制度，明确各类设备设施维护保养周期与方案，系统维护保养工作应符合下列要求：

1 由具有专业资格的单位和人员进行；

2 严格按照厂商技术要求、设备保养手册和相关规范进行；

3 应根据每年机电系统设备设施运行情况及专项检查

情况，制订下一年度机电系统保养维修计划；

4 对设备、设施进行大、中修或节能技术改造时，应制定专项技术方案。

4.4 资料管理

4.4.1 新建工程交付使用前，机电系统运维管理机构应对工程资料做好接收记录并对所有资料归档。交接内容包括：

1 机电系统设计文件、资料；

2 机电系统安装竣工资料（含电子版竣工图、施工变更洽商记录等）及工程验收报告；

3 机电系统空载试运行方案、照明系统试运行方案、作业指导书、试运行记录；

4 完整的系统综合效能调试资料和调试报告，包括各阶段综合效能调适工作记录、问题日志、培训记录及培训使用手册、最终系统效能调适报告等；

5 所有设备的技术资料、出厂合格证、说明书、使用手册、维修手册及进场检（试）验报告和检验记录。

4.2.2 已投入使用的机电系统在进行运维管理交接时，除应按照 4.2.1 条的规定接收工程资料以外，还应对机电系统的原有的运行管理数据和文件进行查验并整理归档。

4.4.3 机电系统的各项运行管理记录应齐全、准确，应有相关管理人员的签字并归档；日常运行管理记录应定期上报，按月统计，按年度装订成册。

4.4.4 机电系统节能运行操作规程、检测、诊断、统计、分析等技术文件和系统维修保养相关技术资料应齐全、准确，并归档。

5 供暖、通风与空调系统

5.1 一般规定

5.1.1 应结合天气情况、建筑功能、客户合理需求及供暖、通风与空调系统运行特点，制定经济合理的供暖、通风与空调系统节能运行方案。

5.1.2 舒适性空调系统运行时，房间的设定温度宜根据设计资料和实际情况进行优化设定，原则上冬季不得高于设计值，夏季不得低于设计值。

5.1.3 供暖系统主要房间设定温度不宜高于 18 °C。

5.1.4 应充分挖掘建筑的被动节能潜力，采取适当的措施减少供暖、空调系统的负荷以及运行时间，以降低建筑运行能耗和费用。对建筑被动节能措施的管理应符合下列规定：

1 检查建筑外门、外窗的气密性，及时整改气密性不满足要求的门窗；

2 检查建筑保温情况，对保温材料脱落、冷热桥严重的地方及时维修；

3 合理利用建筑遮阳措施，减少建筑的冷热负荷；

4 建筑有消除余热需求时宜优先考虑自然通风等低成本节能运行技术。

5.1.5 供暖空调系统运行时应关闭外门窗，避免无组织通风。

5.1.6 应定期检查室内空气质量，保证室内人员的健康与舒适性。

5.1.7 应及时对既有供暖、通风及空调系统进行必要的调适，以满足实际使用中变化的负荷需求。

5.1.8 需要更换供暖、通风及空调系统的设备时，应采用高效节能产品并符合现行国家标准《公共建筑节能设计标准》GB 50189的相关规定。

5.2 冷、热源设备

5.2.1 设备机房应维持必要的环境温度、湿度及通风量要求，保证设备正常高效运行。

5.2.2 锅炉及热水机组的维护管理应符合下列规定：

1 定期检查间接式热水机组炉体内的水质；

2 应定期检查锅炉炉体内换热装置，结垢严重时应及时处理；

3 应根据锅炉及热水机组水质情况定期排污。

5.2.3 应定期检查溴化锂吸收式机组和真空锅炉的真空度，不满足设备要求时应及时进行抽真空保养。

5.2.4 宜根据末端负荷需求调节锅炉的开启台数，并通过合理的群控策略，减少供暖期内锅炉的启、停次数，同时保证锅炉在热效率较高的负荷区间运行。

5.2.5 对于稳定运行的燃气热水机组，在满足末端负荷需求且不影响室内空调制热（供暖）舒适度的情况下，可适当降低其出水温度以达到节能目的。

5.2.6 对于多台锅炉并联运行的系统，若设计采用共用母管的连接方式，对于不需要投入运行的锅炉，应关闭支路水管上的阀门，保证停运的锅炉不参与供暖系统的水循环，以减少系统散热损失并保证系统供水温度。

5.2.7 主要负荷为供暖热负荷的既有蒸汽供热系统，经技术经济比较合理时应更换为采用热水锅炉供暖。

5.2.8 风冷热泵、多联式空调（热泵）机组及分体空调等设备的室外机周围应保持空气流通顺畅，并应保证化霜水能及时排走。

5.2.9 应定期清洗空气源热泵机组的散热翅片，提高换热效果。

5.2.10 合理确定冷凝热回收型冷水（热泵）机组的热水出水温度。

5.2.11 在满足房间舒适度的情况下，适当提高冷水机组的出水温度及降低热泵机组冬季空调制热出水温度，以便达到节能的目的。

5.2.12 多台冷水机组并联运行的系统，实际运行中应符合下列规定：

1 应根据实际运行工况下的机组能效合理选择投入运行设备，保证冷水机组机在高效区间内运行；

2 当机组和水泵采用共母管方式连接时，应关断不运行机组支路的阀门；

3 多台冷水机组同时运行时，应监测各冷水主机的冷冻和冷却水流量，保证流量分配满足设计要求；

4 应优先启动相同型号的冷水机组中总运行时间较少的主机。

5.2.13 应定期检查冷却塔实际运行工况，对于实际运行中主要参数不满足国家标准的冷却塔宜及时整改或更换。

5.2.14 应检查冷却塔安装水平度和垂直度是否满足要求；

运行中发现冷却塔布水不均、填料面积利用率低时，应采取措施整改。

5.2.15 冷却塔周围应保持空气流通顺畅，冷却塔周围有热源、废气和油烟气排放口时，应采取合理措施保证冷却塔工作不受排气影响。

5.2.16 填料上附着淤泥或结垢时，应及时清洗；更换冷却塔填料时，宜选用易拆洗、安装的填料。

5.2.17 冷却塔的运行维护管理还应符合下列规定：

1 冷却塔的淋水喷头堵塞后应及时疏通；

2 及时清除冷却塔内的杂物，检修、维护中移动布水盆盖后应将布水盆盖恢复原位；

3 检查电机、皮带传动装置及风机叶轮，发现皮带松动时应及时解决；

4 检查风机运行的平稳情况，发现风机运行失衡时应及时解决；

5 冷却塔运行时，检修门应保持关闭并保证门缝严密。

5.2.18 设计为多台冷却塔并联运行的空调冷却水系统，应符合下列规定：

1 应保证各冷却塔（组）集水盘高度一致，并确保平衡管畅通；

2 应检查并联运行的每台冷却塔的水力分配情况，调整阀门开启度，保证各冷却塔配水量满足要求；

3 应检查冷却塔启停与冷却塔进、出水管阀门联动的可靠性，保证冷却塔停止运行时，冷却塔进、出水管阀门可靠关断；

4 根据建筑负荷、气候条件，合理确定冷却塔投入运行的台数及冷却塔运行方式。

5.3 供暖及空调水系统

5.3.1 供暖、空调系统投入运行前，应对管道进行清洗。化学清洗后应及时进行钝化预膜处理，达到要求后方可投入使用。

5.3.2 供暖、空调系统在正常运行中，对管道系统的管理维护应符合下列规定：

1 定期检查冷冻水、冷却水、热水及蒸汽管道，发现管道有跑冒滴漏现象应及时整改；

2 定期检查管道阀门、补偿器、支吊架等配件，发现异常应维修整改。

5.3.3 运行管理人员应严格按照水处理设备的操作规程对锅炉蒸汽、热水系统的补水进行预处理，并定期对软化水、除氧装置等水处理设备进行检查和维护。运行中应监测供热系统水质，结合锅炉房运行管理要求做好防腐、防结垢工作。

5.3.4 设有凝结水回收装置的蒸汽系统，应确保凝结水回收系统可靠运行。技术经济比较合理时，开式凝结水回收系统宜改造为闭式凝结水回收系统。

5.3.5 空调系统运行过程中，应定期监测冷冻水水质，预防管道腐蚀。

5.3.6 空调系统运行过程中，对冷却水系统的管理应符合下列规定：

1 应根据冷却水水质情况，按时按量添加缓蚀剂、阻垢剂、杀菌剂和灭藻剂等，减少管路设备腐蚀，防止水垢形成，抑制藻类、细菌繁殖；

2 应根据水质检测情况定期对冷却塔进行排污管理。

5.3.7 对于采用乙二醇的冰蓄冷系统，应定期检测乙二醇浓度，浓度不满足设计要求时应及时补液。

5.3.8 运行管理中，对过滤、除污装置的管理和维护应符合下列规定：

1 根据系统需求，合理配置过滤装置，实际运行中应选用满足系统正常使用所需目数的过滤网；

2 检查过滤器、除污装置两端压力，当阻力超过使用要求时，应及时进行清洗或更换。

5.3.9 对水系统保温设施的管理维护应符合下列规定：

1 定期检查管道保温情况，确保保温绝热层连续不间断、无脱落和破损；

2 冷热水管道与支、吊架之间绝热衬垫不规范产生冷热桥的应及时整改；

3 供热空调管道表面温度不满足《设备及管道绝热技术通则》GB/T 4272 的要求造成冷热量浪费时，应对保温材料进行整改。供冷设备、管道及附件的绝热外表面不应有结露现象；

4 输送介质温度低于周围空气露点温度的管道采用非闭孔绝热材料作绝热层时，其防潮层和保护层应完整且封闭良好，未设置防潮层的应在保温层外增加防潮密闭层。

5.3.10 应定期检查供暖空调水系统排气装置，保证系统排气通畅。采用手动排气阀时，应定期对水系统进行手动排气；系统安装有自动排气阀或设置了脱气装置时，应保证排气阀或脱气装置工作正常。

5.3.11 水泵的节能运行管理应符合下列规定：

1 应定期检查水泵运行情况，并检测水泵运行效率；

2 冷冻水泵和冷却水泵的运行台数应满足冷水机组对冷冻水量和冷却水量的要求，水系统供、回水温差不宜小于设计温差的80%，避免大流量小温差运行；

3 空调局部末端不能满足室内温度需求时，应检查末端管路并对循环水路系统采取相应的调适措施，不宜盲目增加冷冻水泵开启台数。

5.3.12 在满足室内环境舒适度的条件下，可采用适当加大冷冻水供、回水温差的方式供冷，以减少水泵输送能耗，达到系统整体节能的目的。

5.3.13 对于采用变频水泵的变流量水系统，应定期检测末端调节阀的有效性，确保水系统具备变流量运行的基本条件。

5.3.14 空调冷冻水系统分、集水器（或供回水干管）之间电动旁通阀开度应满足系统负荷变化的要求，不应处于常开状态。

5.3.15 共用循环水泵的两管制空调水系统宜按照下列方法对系统进行技术改造：

1 设计工况下冬夏季流量差异较大的水系统，宜分别设置水泵；

2 设计工况下冬夏季流量差异不大的水系统，宜增设水泵变频措施。

5.4 通风及空调风系统

5.4.1 应定期检查通风及空调风系统，对出现质量问题的风管应做相应的整改。风系统质量检查应符合下列规定：

1 非金属风管不得出现龟裂和粉化现象；

2 风系统漏风量应在标准要求的范围内。

5.4.2 空调风管保温效果应保持良好，并应参照本标准5.3.9条的要求对保温设施进行维护管理。

5.4.3 应定期检查通风、空调系统风管及设备内的过滤装置，发现脏堵应及时清洗或更换。

5.4.4 应对通风空调风管进行定期检查，当风管清洁卫生问题已经造成房间空气质量下降、风系统阻力增加时，必须对空调通风系统实施清洗。

5.4.5 空调新风系统节能运行管理应符合下列规定：

1 检查空调通风系统新风口，风口周边环境应保持清洁无遮拦；

2 检查新风系统的过滤设施和管道卫生情况，并按照本标准第5.4.3条、5.4.4条的要求进行维护管理；

3 对人流量较多且变化较大的场所，宜根据实际需求及时调整新风送风量。

5.4.6 空调末端设备节能运行管理应符合下列规定：

1 对于设置风机变频控制的空调风系统，应检查并保持变频系统正常运行；对于采用分挡风量调节控制的，运行中应检查空调区域温度情况并及时调整风机运行挡数，避免出现过冷过热现象；

2 空调房间不用时应及时关闭空气处理设备；

3 冬季、过渡季节及夏季夜间存在冷负荷（或余热）的房间，条件允许时可充分利用室外新风供冷。

5.4.7 空调系统间歇运行的场所，可根据使用需求采取适当的预冷或预热措施。预冷预热措施应符合下列规定：

1 有条件时应优先利用自然冷热源；

2 采用空调冷热源时，应关闭新风系统。

5.4.8 空气-空气能量回收装置运维管理应符合下列规定：

1 应定期检测热回收装置性能，出现漏风、热回收效率降低等问题时应及时整改；

2 设有旁通装置的空气-空气能量回收装置，无须对排风进行热回收时，应开启旁通装置，减少系统运行阻力，降低风机能耗；

3 应检查热回收装置排风侧工况，当室外温度较低排风侧出现结露或结霜时，应对新风采取预热措施；

4 应定期检查热回收装置内的空气过滤装置，并按照本标准第 5.4.3 条的要求进行维护管理。

5.4.9 对于设置有空调的厨房，其排油烟系统采用室外空气补风时，应将补风直接送到灶台排风位置附近。

5.4.10 对设置有 CO 浓度监控的汽车库、修车库，应定期检查监控系统是否正常工作，保证通风系统按照要求正常运行；对未设置 CO 浓度监控的汽车库、修车库，可根据实际情况制定风机定时启停的运行方案。

5.4.11 对以消除余热、余湿、异味为主的定风量通风系统，宜根据房间实际需求确定送、排风机的启停。

6 供配电与照明系统

6.1 一般规定

6.1.1 应建立各类电气设备的日常运行操作、维护和维修管理的规章制度。

6.1.2 应根据建筑的使用功能，合理确定电气设备启动和停止时间，并制定相应的操作流程。

6.1.3 当发现供配电系统或照明系统运行中存在不节能状况时，应及时进行节能改造。

6.1.4 应充分利用自然光，并根据自然光情况确定人工照明的开启和关闭。

6.2 供配电系统

6.2.1 应对建筑的下列耗电量进行统计，并根据电能消耗数据分析总结电能变化规律，制定节能运行管理措施：

1 应统计建筑物的日耗电量、月耗电量及年耗电量；

2 应对建筑物公共用电的各计量表月耗电量及年耗电量数据进行单独统计。

6.2.2 对于变压器的节能运行应采取下列措施：

1 变压器的经常性负荷应在变压器额定容量的 60%为宜，不应使变压器长期处于过负荷状态下运行；

2 对于分列运行且相互联络的两台变压器，应结合负载率状况调整投入运行的变压器台数；

3　当设置有季节性负荷专用变压器时，应根据其负载情况适时退出变压器；

4　变压器低压侧集中补偿后,功率因数应不小于 0.9。

6.2.3　应对变压器低压主开关回路及馈线回路的电流、电压、功率因数、谐波、电能等参数进行监测，并根据监测数据制定节能运行管理措施。

6.2.4　对电气设备应采取下列运维管理措施：

1　蓄冰、蓄热等用电设备应设置在用电低谷时段运行；

2　对于连续工作的非恒定电机类负载，当采用定频方式控制时，可结合管理需要，将其改造为变频调速的运行方式；

3　对季节性负荷供电的设备，应在非工作季节断开其供电电源；

4　对于大型可控硅调光设备、电动机变频调速控制装置等谐波源较大的设备，应进行谐波检测，必要时可就地增设谐波抑制装置。

6.2.5　应监测配电房温、湿度，并根据监测结果对机房的通风及降温除湿设施进行启停控制。

6.2.6　宜定期对系统谐波进行检测，当谐波含量超过国家规范《电能质量公用电网谐波》GB/T 14549 中规定的限值时，应增设谐波治理装置。

6.3　照明系统

6.3.1　应根据各房间或场所的使用要求，结合其采光条件、遮阳措施等因素对照明进行控制。

6.3.2　应制定照明灯具的维护、清洁管理措施，应对主要场所的照明设施进行定期巡视，应对主要场所的照度进行定期测试，并做好相应记录。不得随意增加照明光源的功率和大幅提高照度值。

6.3.3 对于达到使用寿命或在使用寿命期内光通量明显降低的光源应及时更换。

6.3.4 根据建筑物的建筑特点、建筑功能、建筑标准、使用要求等具体情况，制定对灯具照明进行分散、集中、手动、自动等合理有效控制的日常运行措施。

6.3.5 当项目灯具采用人工控制时，应对公共区域的照明控制进行流程化管理。当设置有照明自动控制装置时，应采取下列节能运行措施：

1 应定期对自动控制装置的有效性进行检查；

2 自然采光良好且设置有照度探测装置的场所，应根据照度变化自动关合照明灯具；

3 公共走廊、门厅、电梯厅、地下停车场等人员流动场所，应根据不同时段进行照度调节控制。

6.3.6 建筑物景观照明应制定平日、一般节假日及重大节日的灯控时段和控制模式，应对商业广告照明制定节能运行管理措施。

6.3.7 当存在下列状况时，应对照明系统进行节能改造：

1 主要房间或场所的照明功率密度值高于现行国家标准《建筑照明设计标准》GB 50034 中规定现行值；

2 正在使用的照明灯具及光源为国家或地方淘汰产品。

7 电梯系统

7.0.1 应对电梯系统耗电量进行统计和分析，发现电梯系统运行耗电量增加时，应分析原因并采取措施整改。

7.0.2 电梯的节能运行管理应符合下列规定：

1 应制订维护保养计划，定期检查电梯运行环境及运行状态，电梯运行环境不满足要求或电梯运行不正常时，应及时找出原因并进行整改；

2 检查电梯的机械传动和电力拖动系统，对于效率低下的系统，宜进行整改；

3 应定期调校平衡系数，并应维持在0.4～0.5；

4 电梯轿厢内的照明、通风设备应为节能产品，电梯宜具有休眠功能，在无人搭乘时，宜能自动关闭轿厢内照明、通风等非消防用电设备；

5 电梯机房、井道在达到设备正常工作温度时，空调系统应停止运行。

7.0.3 对于未设置能量回馈系统的电梯，有条件时宜加装能量回馈系统。

7.0.4 应统计乘客使用规律，在满足使用要求的前提下，可调整电梯群控参数降低电梯运行能耗。

7.0.5 自动扶梯和自动人行道在无人搭乘时应停驶或慢速行驶。

8 给排水系统

8.1 一般规定

8.1.1 应长期进行节约用水宣传，在公共用水区域设置节水标志。

8.1.2 应对给水系统进行定时巡检，及时发现并解决用水设备、管网及阀门等漏损的问题。

8.1.3 应按使用功能检查、完善用水计量设施，并定期检查水表计量的准确度。

8.1.4 运维管理机构应加强节水管理。供水系统的节水管理应符合下列规定：

1 用水设备、器具及配件更换时，应优先选用技术先进、满足相关国家标准的节水、节能产品；

2 更换供水管道及其附件时，所选产品应满足相关国家标准要求。

8.2 节能运行

8.2.1 应定时监测记录供水系统中加压泵的出口压力、耗电量等运行参数。

8.2.2 对供水管网的运维管理应符合下列规定：

1 应定期检查供水管网中过滤器、减压阀等附件工作是否正常；

2 宜监测供水系统中各分区最有利用水点、最不利用水点、集中用水点的供水压力，并根据监测结果调整供水系统工作状态；

3　当市政供水管网的供水压力改善后，宜及时调整二次供水的范围。

8.2.3　应定期检查热水供应系统中储热水箱（罐）、热水管道、换热设备等的保温材料是否破损。

8.2.4　对集中热水供应系统，应定时记录储热水箱（罐）的进出水温度、回水温度及热媒进出温度。

8.2.5　热源设备、换热设备的节能管理应按本标准第5.2节的相关要求执行。

8.2.6　当采用局部热水供应系统时，应根据建筑内热水使用情况和使用季节合理制定加热设备的工作时间和工作模式。

8.2.7　应定期清理生活污、废水集水坑及提升泵吸水口，避免杂物堵塞及缠绕，减少排污泵能源的消耗。

8.2.8　宜集中收集并综合利用空调冷凝水。

8.2.9　给水系统运行过程中，应按水平衡测试的要求进行运行管理，降低管网漏损率。

8.2.10　节水灌溉系统运行模式宜根据气候、土壤湿度和绿化浇灌需求等因素及时调整。

9　可再生能源利用系统

9.0.1　当项目内设置有可再生能源发电装置时，应优先使用该发电装置产生的电能为建筑供电。

9.0.2　利用太阳能发电、供暖的建筑，应对光伏板、集热器采取可靠的运维保养措施，并满足下列规定：

1　应定期检查光伏板、太阳能集热器，并根据积尘情况及时清洗表面，确保光伏、光热系统高效运行；

2　对于严寒、寒冷地区的太阳能集热系统，系统采用防冻液防冻时，应定期检测防冻液浓度，并维持在正常范围内；

3　应检查太阳能集热系统，有过热可能时应及时采取防过热措施；

9.0.3　供暖及生活热水热源共用太阳能集热系统时，应首先保证生活热水的使用。

9.0.4　设有防过热保护功能的太阳能供暖系统，以及采用热水循环防冻的太阳能集热系统，应确保太阳能供暖系统的防过热或防冻功能自动可靠运行。

9.0.5　在采用可再生能源与常规能源复合式供暖及空调系统时，运行控制策略的制定应以优先使用可再生能源系统为原则。

9.0.6　采用地埋管地源热泵系统时，为防止地源侧土壤热量堆积，宜对地源侧的岩土温度、进出口水温、换热量进行监测分析，制定合理的系统运行控制策略，保证设计计算周期内系统总释热量与吸热量相平衡。

9.0.7 地下水源热泵系统应定期对取水井和回灌井做清洗、回扬处理，并定期对旋流除砂器及设备入口的过滤器进行清洗。

9.0.8 地源热泵地源侧水系统节能运行管理应符合下列规定：

1 地源侧循环泵宜考虑变频措施；

2 负荷发生变化时，主机及水泵台数均应相应调整，同时应关闭部分地埋管换热器侧阀门，使地埋管换器的孔数宜与水泵台数相匹配；

3 地源侧水泵流量调整应根据机组效率和水泵能耗综合计算，以系统效率最高为基本原则。

9.0.9 设有可再生能源利用系统的建筑，应定期对可再生能源利用系统进行能效检测和运行诊断，不符合要求时应进行整改。

10 监控系统与数据挖掘

10.1 一般规定

10.1.1 设有自动监控及能源管理系统时，应按照现行行业标准《建筑设备监控系统工程技术规范》JGJ/T 334、《公共建筑能耗远程监测系统技术规程》JGJ/T 285 的要求对系统进行检测和调试，验证控制策略。系统投入运行后应根据工程实际情况，结合本标准相关节能运行方法调整控制策略，实现机电系统节能运行。

10.1.2 设有自动监控系统的工程，应对监控元件、设备及软件系统定期进行检查、测试和维护，并应符合下列规定：

1 对传感器、执行器、控制器、现场通信设备等进行定期检查及测试；

2 应对计量仪表、数据采集器、数据链路进行定期检测，并对软件进行定期检查和升级；

3 应定期检查现场控制级和中央管理站的数据交换正确性；

4 应定期测试系统响应时间；

5 对检查中发现的故障应及时排除，对故障设备、精度及灵敏度不够的设备应及时更换。

10.1.3 应对建筑能耗情况按其用途进行记录和统计：

1 应对建筑生活用水量进行记录和统计；

2 应对建筑的供暖、空调、通风及给排水系统用能进行记录和统计；

3 应对餐厨、照明、办公设备、电梯、信息机房设备、建筑服务设备和其他专用设备的能耗进行记录和统计。

10.1.4 应定期对建筑能源管理系统的能耗数据进行备份。

10.1.5 对建筑能耗数据的分析宜按照下列方式进行：

1 应按照建筑能源最终用途分类、分项进行分析；

2 应根据用能系统的运行周期分析设备和系统的能耗，掌握用能特点及规律；

3 应根据系统运行数据，掌握建筑使用强度、室外气象参数、空调冷热量、耗电量、燃气用量、蒸汽用量及用水量等运行参数的变化趋势；

4 应根据分析结论制定节能运行策略，并对建筑设备监控系统进行修正调适。

10.1.6 应以综合能耗最低为基本原则确定空调系统的节能运行控制策略。

10.2 冷水机组与热泵

10.2.1 应记录冷水机组、热泵机组的以下运行参数：

1 室外环境温、湿度及典型室内环境温、湿度；

2 蒸发器及冷凝器的进、出口水温及水压力；

3 机组的蒸发压力、冷凝压力、蒸发温度及冷凝温度；

4 单台机组制冷（热）量及多台机组运行时的总制冷（热）量；

5 机组的运行电流、启/停时间；

6 计量机组的电量等耗能量；

7 采用吸收式溴化锂机组时，还应记录燃气（油）、蒸汽（热水）供应量。

10.2.2 运行过程中应根据机组的冷凝温度与冷却水出水温度计算冷凝趋近温度。当趋近温度值偏高时，应分析原因并采取措施排除故障。

10.2.3 运行过程中应根据其蒸发温度与机组冷冻水出水温度计算蒸发趋近温度。当趋近温度值偏高时，应分析原因并采取措施整改。

10.2.4 对于设有自动加减载程序的控制系统，管理人员应了解并掌握加减载控制原理，并验证控制原理是否与本项目系统形式相匹配，控制原理不符合实际需要时，应调整参数或修改控制策略。

10.2.5 应统计各设备总运行时间，并据此确定应启动的冷水机组(热泵),相同情况下应优先开启运行时间最短的机组。

10.2.6 应长期监测冰蓄冷系统的运行数据，总结负荷与天气的变化规律，尽量准确地预测空调负荷，合理安排蓄冰量，达到经济运行的目的。

10.2.7 在制冷工况下，条件允许时可通过提高冷水机组的出水温度来满足室内负荷的需求。

10.2.8 节能运行管理人员宜通过分析空调系统长期运行数据，建立空调系统耗电量与室外气象参数、运行时间、服务水平等的对应关系图，找出对负荷影响最敏感的因素作为节能运行的主要依据。

10.2.9 应根据冷、热负荷预测，优化控制机组运行台数与负载率。

10.2.10 运维管理人员应根据记录的冷水机组（热泵）流

量、供回水温度及主机电功率，分析主机的实时能效值，发现能效降低时，应及时查找原因并采取措施提高其能效。

10.3 锅炉及热力站

10.3.1 应记录锅炉及热水机组以下运行参数：

1 室外环境温、湿度及典型室内环境温、湿度；

2 供回水水温、水流量及水压力；

3 锅炉或热水机组的制热量；

4 锅炉或热水机组的排烟温度；

5 蒸汽压力和流量以及凝结水的温度、压力；

6 锅炉房的补水量、燃气（煤、油）量、耗电量；

7 设备的启/停时间。

10.3.2 热源系统应采取供热量控制措施，根据室外温度、建筑负荷需求调节供热量，实现按需供热。

10.3.3 宜根据负荷预测优化控制热力站内投入运行的机组台数、出力及供水温度，保证单台机组均处于高效运行。

10.3.4 应监测锅炉、热水机组的燃烧温度和排烟温度，据此判断燃料燃烧效率及锅炉（热水机组）换热效率。燃料未充分燃烧或排烟温度偏高时应及时整改。

10.3.5 采用烟气热回收器的锅炉、热水机组，有条件时宜记录烟气热回收器处烟气的进出口温度，被加热空气或水的进出口温度、进出口压力及流量，燃烧器或燃料供给侧的输入热量及锅炉的供热量等运行参数，计算该回收装置的效率，并确保余热回收装置正常运行，且不影响设备的效率。

10.3.6 对换热设备的监测和管理应满足下列规定：

1 应监测换热器一、二次侧的进出水压力，发现水阻力不正常时，应及时对换热器进行清洗维护，降低系统阻力。

2 应监测换热器一、二次侧的热量，用于判断两者的热平衡状况，必要时应加强换热器外壳保温措施。

10.4 供暖及空调水系统

10.4.1 应记录供暖及空调冷、热水系统以下内容：

1 分集水器的供回水温度、压力，供回水干管上的压差值；

2 各末端支路的供回水温度、压力及流量；

3 换热器、过滤器及空调末端设备的阻力；

4 水泵的电功率、流量及扬程；

5 变频冷、热水循环泵的频率状态。

10.4.2 应定期查看空调水系统供回水管路起点到终点的温差，并根据其一致性判断系统保温效果或运行故障。对于间歇运行系统，可通过停止运行与再次启动时系统内水温差值判断保温效果好坏。对于保温效果欠佳的空调水系统，应采取必要的措施进行整改。

10.4.3 供热及空调冷、热水系统供回水温差应尽量保持与设计温差一致，各支路回水温度间的偏差不宜大于 1℃；热水系统各支管路回水温度间的偏差不宜大于 2℃。

10.4.4 对于间歇运行的制冷、供暖系统，应合理利用水系统中的蓄冷、蓄热潜能，经技术经济分析合理时可采用提前关闭冷热源的方式达到节能目的。

10.4.5 应长期监测水系统中换热器、过滤器及空调末端设备等阻力元件的工作状态，当阻力增大时应找其原因并排除故障。

10.4.6 应长期记录水泵进出口压力、流量、电功率及水系统输冷热量，计算水泵效率和实际耗电输冷（热）比。当水泵长期处于低效率工况运行或水泵实际耗电输冷（热）比不满足规范要求时，宜采用措施提高水泵效率及其实际耗电输冷（热）比。

10.4.7 在系统处于部分负荷工况运行时，不应采用关小阀门的方式来预防单台水泵运行出现过流或过载的现象。

10.4.8 当系统为一级泵变流量系统时，水泵变频应根据主机侧所允许的流量变化速率及变化范围进行调节控制。

10.4.9 对于变流量空调水系统，应根据系统水容量大小、末端设备阀门特性以及房间负荷惰性特征等综合因素，校核水泵变频调速的控制方式。水泵变频调速控制应符合下列规定：

1 水系统水容量较小、房间负荷具有一定惰性时，可根据供回水干管温差控制水泵变频运行；

2 水系统水容量较大、末端设备主要采用开关型阀门时，可根据供回水干管压差控制水泵变频；

3 末端设备主要采用流量调节型阀门时，宜根据最不利环路末端压差控制水泵变频。

10.4.10 多台水泵变频运行时，应关注水泵真实效率变化，并宜根据水泵组总能耗确定开启水泵台数。

10.5 空调冷却水系统

10.5.1 应记录空调冷却水系统以下内容：

1　室外空气干球温度及相对湿度；

2　冷却塔进、出水温度；

3　水泵电功率、流量及扬程；

4　风机电功率；

5　过滤器等元件的阻力。

10.5.2　应根据室外空气干球温度、相对湿度及冷却塔进出水温度，计算冷却塔效率，当发现效率有明显降低时，应根据本标准第5.2节的相关规定进行整改。

10.5.3　在过渡季节及冬季采用“冷却塔免费供冷”时，宜记录室外湿球温度、室内环境温湿度、冷却塔供回水温度及流量等相关参数，找出合理利用“冷却塔免费供冷”的运行工况，并指导系统运行。

10.5.4　对于设计采用变冷却水流量的系统，在实际运行中应统计冷水机组及冷却水系统的耗能总量并分析系统能效，在冷却水变流量运行确有节能收益的情况下，方可采用变流量运行。

10.5.5　采用冷却水变流量运行的系统，管理人员应了解系统采用的变频控制策略，并在运行中验证节能收益。控制系统采用的控制策略未发挥冷却水变流量系统有效节能潜力时，宜根据系统实际情况进行调适整改。

10.5.6　条件允许时，冷却水系统可采用“一机对多塔”的方式运行，最大化利用系统中冷却塔的换热面积对冷却水降温。

10.6　其　他

10.6.1　应长期监测通风及空调风系统中表冷器、过滤装置等阻力元件的工作状态，当阻力异常时应找其原因并排除故障。

10.6.2 应根据水平衡测试仪表的数据，定期分析系统水量平衡关系，若出现异常应查找原因并及时整改。

10.6.3 应长期检测再生水利用系统原水收集量、处理量和再生水实际利用量，当水量平衡关系不匹配时，应调整系统运营模式。

10.6.4 应对统计的建筑用电数据进行分析，当某一时段用电异常时，应分析查找原因并采取相应的改进措施。

附录 A　设备档案表

表 A-1　燃气（油）热水锅炉设备档案表

<table>
<tr><td>设备名称</td><td colspan="2"></td><td>建档时间</td><td colspan="2"></td></tr>
<tr><td>设备编号</td><td colspan="2"></td><td>建档人</td><td colspan="2"></td></tr>
<tr><td rowspan="4">生产信息</td><td>品牌</td><td></td><td rowspan="4">安装信息</td><td>公司</td><td></td></tr>
<tr><td>型号</td><td></td><td>负责人</td><td></td></tr>
<tr><td>生产出厂日期</td><td></td><td>安装时间</td><td></td></tr>
<tr><td>售后电话</td><td></td><td>售后电话</td><td></td></tr>
<tr><td colspan="6">性能参数</td></tr>
<tr><td>额定热功率/MW</td><td>压力损失/MPa</td><td>额定出水温度/°C</td><td>额定进水温度/°C</td><td>热效率/%</td><td>流量/（m^3/h）</td></tr>
<tr><td></td><td></td><td></td><td></td><td></td><td></td></tr>
<tr><td>运行质量/kg</td><td>工作压力/MPa</td><td>排烟温度/°C</td><td>换热方式</td><td colspan="2" rowspan="2"></td></tr>
<tr><td></td><td></td><td></td><td></td></tr>
<tr><td colspan="6">燃烧机</td></tr>
<tr><td>燃料类型</td><td>燃料消耗量</td><td>燃烧机电源电压/V</td><td>燃烧机型号</td><td>燃烧机功率/kW</td><td>燃烧方式</td></tr>
<tr><td></td><td></td><td></td><td></td><td></td><td></td></tr>
<tr><td colspan="6">维修保养记录</td></tr>
<tr><td>时间</td><td colspan="4">维修保养描述</td><td>责任人</td></tr>
<tr><td></td><td colspan="4"></td><td></td></tr>
<tr><td></td><td colspan="4"></td><td></td></tr>
<tr><td></td><td colspan="4"></td><td></td></tr>
<tr><td></td><td colspan="4"></td><td></td></tr>
</table>

表 A-2　燃气（油）蒸汽锅炉设备档案表

<table>
<tr><td>设备名称</td><td colspan="2"></td><td>建档时间</td><td colspan="2"></td></tr>
<tr><td>设备编号</td><td colspan="2"></td><td>建档人</td><td colspan="2"></td></tr>
<tr><td rowspan="4">生产信息</td><td>品牌</td><td></td><td rowspan="4">安装信息</td><td>公司</td><td></td></tr>
<tr><td>型号</td><td></td><td>负责人</td><td></td></tr>
<tr><td>生产出厂日期</td><td></td><td>安装时间</td><td></td></tr>
<tr><td>售后电话</td><td></td><td>售后电话</td><td></td></tr>
<tr><td colspan="6">性能参数</td></tr>
<tr><td>额定热功率/MW</td><td>压力损失/MPa</td><td>额定出水温度/°C</td><td>额定进水温度/°C</td><td>热效率/%</td><td>流量/（m³/h）</td></tr>
<tr><td></td><td></td><td></td><td></td><td></td><td></td></tr>
<tr><td>运行质量/kg</td><td>工作压力/MPa</td><td>排烟温度/°C</td><td>换热方式</td><td colspan="2" rowspan="2"></td></tr>
<tr><td></td><td></td><td></td><td></td></tr>
<tr><td colspan="6">燃烧机</td></tr>
<tr><td>燃料类型</td><td>燃料消耗量</td><td>燃烧机电源电压/V</td><td>燃烧机型号</td><td>燃烧机功率/kW</td><td>燃烧方式</td></tr>
<tr><td></td><td></td><td></td><td></td><td></td><td></td></tr>
<tr><td colspan="6">给水泵</td></tr>
<tr><td>型号</td><td>功率/kW</td><td>流量/（m³/h）</td><td>扬程/（mH₂O）</td><td colspan="2" rowspan="2"></td></tr>
<tr><td></td><td></td><td></td><td></td></tr>
<tr><td colspan="6">维修保养记录</td></tr>
<tr><td>时间</td><td colspan="4">维修保养描述</td><td>责任人</td></tr>
<tr><td></td><td colspan="4"></td><td></td></tr>
<tr><td></td><td colspan="4"></td><td></td></tr>
<tr><td></td><td colspan="4"></td><td></td></tr>
<tr><td></td><td colspan="4"></td><td></td></tr>
</table>

表 A-3　冷水机组设备档案表

<table>
<tr><td>设备名称</td><td colspan="2"></td><td>建档时间</td><td colspan="2"></td></tr>
<tr><td>设备编号</td><td colspan="2"></td><td>建档人</td><td colspan="2"></td></tr>
<tr><td rowspan="4">生产信息</td><td>品牌</td><td></td><td rowspan="4">安装信息</td><td>公司</td><td></td></tr>
<tr><td>型号</td><td></td><td>负责人</td><td></td></tr>
<tr><td>生产出厂日期</td><td></td><td>安装时间</td><td></td></tr>
<tr><td>售后电话</td><td></td><td>售后电话</td><td></td></tr>
<tr><td colspan="6">性能参数</td></tr>
<tr><td>额定制冷量/kW</td><td>额定输入功率/kW</td><td>额定电流/A</td><td>满负荷耗电指标/（kW/TR）</td><td>NPLV</td><td>IPLV</td></tr>
<tr><td></td><td></td><td></td><td></td><td></td><td></td></tr>
<tr><td>负荷区间/%</td><td>满载电流/A</td><td>启动电流/A</td><td>运行质量/kg</td><td>估计冷媒充注量/kg</td><td>制冷剂</td></tr>
<tr><td></td><td></td><td></td><td></td><td></td><td></td></tr>
<tr><td colspan="6">蒸发器信息</td></tr>
<tr><td>额定进水温度/°C</td><td>额定出水温度/°C</td><td>冷冻水量/（L/s）</td><td>蒸发器承压/MPa</td><td>蒸发器压降/kPa</td><td>污垢系数/(m^2·°C/kW)</td></tr>
<tr><td></td><td></td><td></td><td></td><td></td><td></td></tr>
<tr><td colspan="6">冷凝器信息</td></tr>
<tr><td>额定进水温度/°C</td><td>额定出水温度/°C</td><td>冷却水量/（L/s）</td><td>冷凝器承压/MPa</td><td>冷凝器压降/kPa</td><td>污垢系数/(m^2·°C/kW)</td></tr>
<tr><td></td><td></td><td></td><td></td><td></td><td></td></tr>
<tr><td colspan="6">维修保养记录</td></tr>
<tr><td>时间</td><td colspan="4">维修保养描述</td><td>责任人</td></tr>
<tr><td></td><td colspan="4"></td><td></td></tr>
<tr><td></td><td colspan="4"></td><td></td></tr>
<tr><td></td><td colspan="4"></td><td></td></tr>
</table>

表 A-4 水泵设备档案表

<table>
<tr><td>设备名称</td><td colspan="2"></td><td>建档时间</td><td colspan="2"></td></tr>
<tr><td>设备编号</td><td colspan="2"></td><td>建档人</td><td colspan="2"></td></tr>
<tr><td rowspan="4">生产信息</td><td>品牌</td><td></td><td rowspan="4">安装信息</td><td>公司</td><td></td></tr>
<tr><td>型号</td><td></td><td>负责人</td><td></td></tr>
<tr><td>生产出厂日期</td><td></td><td>安装时间</td><td></td></tr>
<tr><td>售后电话</td><td></td><td>售后电话</td><td></td></tr>
<tr><td colspan="6">性能参数</td></tr>
<tr><td>额定流量/（m^3/h）</td><td>额定扬程/mH_2O</td><td>效率/%</td><td>汽蚀余量/mH_2O</td><td colspan="2" rowspan="2"></td></tr>
<tr><td></td><td></td><td></td><td></td></tr>
<tr><td colspan="6">电机</td></tr>
<tr><td>转速/(r/min)</td><td>输入功率/kW</td><td>供电电压/V</td><td>启动方式</td><td>启动电流/A</td><td>工作电流/A</td></tr>
<tr><td></td><td></td><td></td><td></td><td></td><td></td></tr>
<tr><td colspan="6">维修保养记录</td></tr>
<tr><td>时间</td><td colspan="4">维修保养描述</td><td>责任人</td></tr>
<tr><td></td><td colspan="4"></td><td></td></tr>
<tr><td></td><td colspan="4"></td><td></td></tr>
<tr><td></td><td colspan="4"></td><td></td></tr>
<tr><td></td><td colspan="4"></td><td></td></tr>
</table>

表 A-5 换热器设备档案表

<table>
<tr><td>设备名称</td><td colspan="2"></td><td>建档时间</td><td colspan="2"></td></tr>
<tr><td>设备编号</td><td colspan="2"></td><td>建档人</td><td colspan="2"></td></tr>
<tr><td rowspan="4">生产信息</td><td>品牌</td><td></td><td rowspan="4">安装信息</td><td>公司</td><td></td></tr>
<tr><td>型号</td><td></td><td>负责人</td><td></td></tr>
<tr><td>生产出厂日期</td><td></td><td>安装时间</td><td></td></tr>
<tr><td>售后电话</td><td></td><td>售后电话</td><td></td></tr>
<tr><td colspan="6">性能参数</td></tr>
<tr><td>循环水量/（m^3/h）</td><td>一次侧设计压力/MPa</td><td>二次侧设计压力/MPa</td><td>一次侧热源介质</td><td>二次侧热源介质</td><td>一次侧供水（汽）温度/°C</td></tr>
<tr><td></td><td></td><td></td><td></td><td></td><td></td></tr>
<tr><td>一次侧回水温度/°C</td><td>二次侧供水温度/°C</td><td>二次侧回水温度/°C</td><td>热负荷/MW</td><td>换热面积/（m^2/片）</td><td>换热片数</td></tr>
<tr><td></td><td></td><td></td><td></td><td></td><td></td></tr>
<tr><td colspan="6">维修保养记录</td></tr>
<tr><td>时间</td><td colspan="4">维修保养描述</td><td>责任人</td></tr>
<tr><td></td><td colspan="4"></td><td></td></tr>
<tr><td></td><td colspan="4"></td><td></td></tr>
<tr><td></td><td colspan="4"></td><td></td></tr>
<tr><td></td><td colspan="4"></td><td></td></tr>
</table>

附录 B 设备及系统运行记录表

表 B-1 燃气（油）热水锅炉运行记录表

日期：　　年　　月　　日　　　　天气：　　　　机组编号：

时间	锅炉出水		锅炉进水		燃料			排烟	室外环境	
					燃气型		燃油型			
	流量/(m^3/h)	温度/°C	流量/(m^3/h)	温度/°C	燃气压力/MPa	燃气流量/(m^3/h)	供油流量/(m^3/h)	温度/°C	干球温度/°C	相对湿度/%
额定工况										

注：开机时刻记录一次，其后每 1 h 记录一次，停机时刻前记录一次；若系统 24 h 运转，运行记录开始于早班开始时刻，每 1 h 记录一次。

记录人：　　　　　　　　审核人：

表 B-2　燃气（油）蒸汽锅炉运行记录表

日期：　　年　　月　　日　　　　　　天气：　　　　　　机组编号：

时间	蒸汽		锅炉进水		燃料			排烟	室外环境	
					燃气型		燃油型			
	流量 /(m^3/h)	压力 /MPa	流量 /(m^3/h)	温度 /°C	燃气压力/MPa	燃气流量 /(m^3/h)	油流量 /(m^3/h)	温度 /°C	干球温度/°C	相对湿度/%
额定工况										

注：开机时刻记录一次，以后每 1 h 记录一次，停机时刻前记录一次；若系统 24 h 运转，运行记录开始于早班开始时刻，每 1 h 记录一次。

记录人：　　　　　　　　　　　　审核人：

表 B-3　蒸汽压缩式冷水机组运行记录表

日期：　　年　　月　　日　　天气：　　机组编号：

时　间		时　间								
		设计状态	8:00	9:00	10:00	11:00	12:00	13:00	14:00	15:00
压缩机参数	冷冻水进水温度/°C									
	冷冻水出水温度/°C									
	冷却水进水温度/°C									
	冷却水出水温度/°C									
	蒸发温度/°C									
	冷凝温度/°C									
	蒸发压力/MPa									
	冷凝压力/MPa									
	油温/°C									
	油压/MPa									
	油位									
	机组电流/%									
	机组电压/V									
	电机负载率/%									
	导叶位置/%									
	排气温度/°C									
	轴承温度/°C									
室外环境	干球温度/°C									
	相对湿度/%									

记录人：　　　　审核人：

表 B-4 蒸汽和热水型溴化锂吸收式冷水机组运行记录表

日期： 年 月 日　　　　天气：　　　　机组编号：

内容	冷冻水端		冷却水端		加热源								消耗电功率/kW	系统真空度/Pa	备注
					蒸汽型					热水型					
时间	进水温度/°C	出水温度/°C	进水温度/°C	出水温度/°C	蒸汽压力*(饱和)/kPa	蒸汽流量/(m^3/h)	蒸汽温度/°C	凝结水温度/°C	蒸汽阀开度/%	热水流量/(m^3/h)	热水进口温度/°C	热水出口温度/°C			
额定工况															

注：为保证机组真空度符合设备运行要求，需每月 15 日对机组进行抽真空操作，严格按操作步骤进行操作，并做好相关记录。

记录人：　　　　　　　　审核人：

表 B-5　直燃型溴化锂吸收式冷（温）水机组运行记录表

日期：　　年　　月　　日　　　　　　天气：　　　　　　机组编号：

内容	冷温水		冷却水（制冷工况）		加热源						排烟温度/°C	系统真空度/Pa	备注
					燃气型			燃油型					
时间	进水温度/°C	出水温度/°C	进水温度/°C	出水温度/°C	燃气压力/Pa	燃气流量/(Nm^3/h)	耗气量/Nm^3	燃油温度/°C	燃油流量/(m^3/h)	耗油量/m^3			
额定工况													

注：为保证机组真空度符合设备运行要求，需每月 15 日对机组进行抽真空操作，严格按操作步骤进行操作，并做好相关记录。

记录人：　　　　　　　　　　　　审核人：

表 B-6　空气-水热泵机组运行记录表

日期：　　年　　月　　日　　　　天气：　　　　机组编号：

内容		时间											
		额定工况	8:00	9:00	10:00	11:00	12:00	13:00	14:00	15:00	16:00	17:00	18:00
压缩机参数	冷冻水进水温度/°C												
	冷冻水出水温度/°C												
	蒸发温度/°C												
	冷凝温度/°C												
	蒸发压力/MPa												
	冷凝压力/MPa												
	油温/°C												
	油压/MPa												
	油位												
	机组电流/%												
	机组电压/V												
	电机负载率/%												
	导叶位置/%												
	排气温度/°C												
	轴承温度/°C												
室外环境	干球温度/°C												
	相对湿度/%												

记录人：　　　　　　　　审核人：

表 B-7　水（地）源热泵机组运行记录表

日期：　　年　　月　　日　　　　天气：　　　　机组编号：

内容		时间											
		额定工况	8:00	9:00	10:00	11:00	12:00	13:00	14:00	15:00	16:00	17:00	18:00
压缩机参数	冷冻水进水温度/°C												
	冷冻水出水温度/°C												
	蒸发温度/°C												
	冷凝温度/°C												
	蒸发压力/MPa												
	冷凝压力/MPa												
	油温/°C												
	油压/MPa												
	油位												
	机组电流/%												
	机组电压/V												
	电机负载率/%												
	导叶位置/%												
	排气温度/°C												
	轴承温度/°C												
室外环境	干球温度/°C												
	相对湿度/%												

注：开机时刻记录一次，以后每 1 h 记录一次，停机时刻前记录一次；若系统 24 h 运转，运行记录开始于早班开始时刻，每 1 h 记录一次。

记录人：　　　　　　　　审核人：

表 B-8 冷却塔运行记录表

日期： 年 月 日 天气： 机组编号：

内容		时间											
		额定工况	8:00	9:00	10:00	11:00	12:00	13:00	14:00	15:00	16:00	17:00	18:00
冷却塔参数	冷却塔进水温度/°C												
	冷却塔出水温度/°C												
	补水温度/°C												
	补水量/（m^3/h）												
	风机运转频率/Hz												
	风机运转功率/kW												
室外环境	干球温度/°C												
	相对湿度/%												

注：开机时刻记录一次，以后每 1 h 记录一次，停机时刻前记录一次；若系统 24 h 运转，运行记录开始于早班开始时刻，每 1 h 记录一次。

记录人： 审核人：

表 B-9　冷冻水泵、冷却水泵运行记录表

日期：　　年　　月　　日　　　　　　天气：　　　　　　机组编号：

时间	（编号）冷冻水泵						（编号）冷冻水泵						（编号）冷却水泵						（编号）冷却水泵					
	运行状态	运转频率/Hz	进口压力/Pa	出口压力/Pa	水流量/(m^3/h)	电机输入功率/kW	运行状态	运转频率/Hz	进口压力/Pa	出口压力/Pa	水流量/(m^3/h)	电机输入功率/kW	运行状态	运转频率/Hz	进口压力/Pa	出口压力/Pa	水流量/(m^3/h)	电机输入功率/kW	运行状态	运转频率/Hz	进口压力/Pa	出口压力/Pa	水流量/(m^3/h)	电机输入功率/kW
额定工况																								

注：开机时刻记录一次，以后每 1 h 记录一次，停机时刻前记录一次；若系统 24 h 运转，运行记录开始于早班开始时刻，每 1 h 记录一次。

记录人：　　　　　　　　　　　　审核人：

表 B-10　分集水器及各支路系统运行记录表

日期：　　年　　月　　日　　　　　天气：　　　　　机组编号：

时间	供回水干管压差/Pa	分水器		集水器		各支路系统											
						支路 1				支路 2				支路 3			
		水温/°C	压力/MPa	水温/°C	压力/MPa	回水温度/°C	供水压力/MPa	回水压力/MPa	流量/(m^3/h)	回水温度/°C	供水压力/MPa	回水压力/MPa	流量/(m^3/h)	回水温度/°C	供水压力/MPa	回水压力/MPa	流量/(m^3/h)

注：开机时刻记录一次，以后每 1 h 记录一次，停机时刻前记录一次；若系统 24 h 运转，运行记录开始于早班开始时刻，每 1 h 记录一次。

记录人：　　　　　　　　审核人：

附录 C　空调系统运行能耗统计表

表 C-1　空调制冷系统冷源运行主要能耗统计表

日期：　　年　　月　　日

时间	电制冷系统耗电统计				蒸汽溴化锂机组蒸汽量统计				直燃式溴化锂机组能耗统计			
	冷水机组		冷冻泵、冷却泵、冷却塔等附属设备耗电量		蒸汽耗量		冷冻泵、冷却泵、冷却塔等附属设备耗电量		燃料耗量		冷冻泵、冷却泵、冷却塔等附属设备耗电量	
	表数	消耗量/(kW·h)	表数	消耗量/(kW·h)	表数	消耗量/t	表数	消耗量/(kW·h)	表数	消耗量（Nm^3气/kg 油）	表数	消耗量/(kW·h)
注：运行记录开始于早班开始时刻，每一个运行工作日记录一次。												

记录人：　　　　　　　　　　　　审核人：

表 C-2　空调系统年能耗统计记录表

年	用电量/(kW·h)	用热量/GJ	蒸汽用量/t	燃气量/(Nm^3)	燃油量/t	其他
1 月						
2 月						
3 月						
4 月						
5 月						
6 月						
7 月						
8 月						
9 月						
10 月						
11 月						
12 月						
合计						

记录人：　　　　　　　　　　审核人：

附录 D 建筑物月用电量记录表

日期：　　年　　月　　日　　　　　　用电性质：________

日期	峰时段用电/(kW·h)		谷时段用电/(kW·h)		平时段用电/(kW·h)		总用电量/(kW·h)	抄表人
	总计	当日	总计	当日	总计	当日		
1								
2								
3								
4								
5								
6								
7								
8								
9								
10								
11								
12								
13								
14								
15								

续表

日期	峰时段用电/(kW·h)		谷时段用电/(kW·h)		平时段用电/(kW·h)		总用电量/(kW·h)	抄表人
	总计	当日	总计	当日	总计	当日		
16								
17								
18								
19								
20								
21								
22								
23								
24								
25								
26								
27								
28								
29								
30								
31								
本月总计								

记录人：　　　　审核人：

附录E 建筑物月用电曲线表

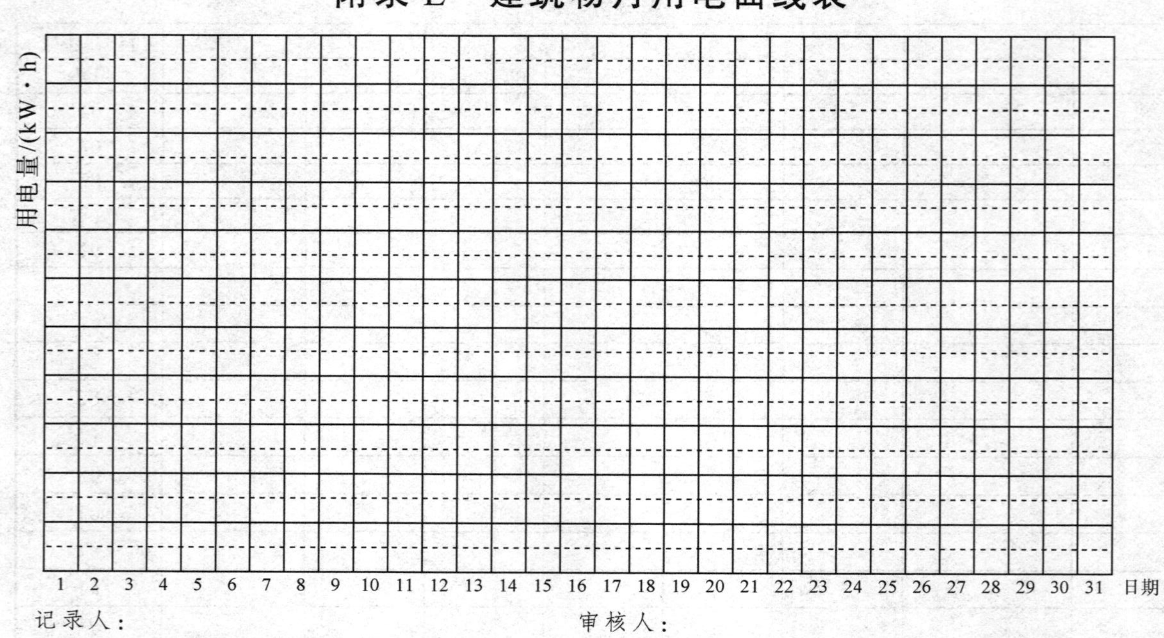

记录人：　　　　　　　　　　　　　审核人：

注：1 本表可以用于绘制月用电总计曲线，也可以用于绘制峰谷平用电曲线，由使用单位结合实际情况确定。

2 使用单位可以结合用电指标，在纵坐标的用电单位kW·h前考虑倍数，如万、千等。

附录F　建筑物年用电量记录表

日期：　　年

月份	月用电量/（kW·h）				上年同月用电量/（kW·h）				全月最大负荷/(kW/日)	全月最小负荷/(kW/日)	全月平均负荷/kW
	总计	峰	谷	平	总计	峰	谷	平			
一月											
二月											
三月											
四月											
五月											
六月											
七月											
八月											
九月											
十月											
十一月											
十二月											

记录人：　　　　　　　　　　　审核人：

本标准用词说明

1 为便于在执行本规程条文时区别对待，对要求严格程度不同的用词说明如下：

1）表示很严格，非这样做不可的：

正面词采用“必须”，反面词采用“严禁”。

2）表示严格，在正常情况下均应这样做的：

正面词采用“应”，反面词采用“不应”或“不得”。

3）表示允许稍有选择，在条件许可时首先应这样做的：

正面词采用“宜”，反面词采用“不宜”。

4）表示有选择，在一定条件下可以这样做的，采用“可”。

2 条文中指明应按其他有关标准执行的写法为：“应符合……的规定”或“应按……执行”。

引用标准名录

1 《空调通风系统清洗规范》GB 19210
2 《建筑照明设计标准》GB 50034
3 《公共建筑节能设计标准》GB 50189
4 《通风与空调工程施工质量验收规范》GB 50243
5 《民用建筑工程室内环境污染控制规范》GB 50325
6 《民用建筑节水设计标准》GB 50555
7 《民用建筑供暖通风与空气调节设计规范》GB 50736
8 《设备及管道绝热技术通则》GB/T 4272
9 《玻璃纤维增强塑料冷却塔 第1部分：中小型玻璃纤维增强塑料冷却塔》GB/T 7190.1
10 《设备及管道绝热效果的测试与评价》GB/T 8174
11 《电能质量公用电网谐波》GB/T 14549
12 《室内空气质量标准》GB/T 18883
13 《质量管理体系要求》GB/T 19001
14 《环境管理体系要求及使用指南》GB/T 24001
15 《职业健康安全管理体系要求》GB/T 28001
16 《采暖空调系统水质》GB/T 29044
17 《节水型卫生洁具》 GB/T 31436
18 《民用建筑绿色设计规范》 JGJ/T 229
19 《公共建筑能耗远程监测系统技术规程》JGJ/T 285

20 《建筑设备监控系统工程技术规范》JGJ/T 334
21 《公共场所集中空调通风系统卫生规范》WS 394
22 《电梯能效评价技术规范》DB51/T 1319

四川省工程建设地方标准

四川省公共建筑机电系统节能运行技术标准

Technical standard for energy efficiency operation of public building mechanical and electrical system in Sichuan Province

DBJ51/T 091 – 2018

条 文 说 明

制定说明

《四川省公共建筑机电系统节能运行技术标准》DBJ51/T091-2018，经四川省住房和城乡建设厅2018年5月25日以川建标发〔2018〕464号文公告批准发布。

为了便于广大设计、施工、科研、学校等单位有关人员在使用本标准时能准确理解和执行条文规定，《四川省公共建筑机电系统节能运行技术标准》编制组按章、节、条顺序编制了本标准的条文说明，对条文规定的目的、依据以及执行中需要注意到的有关事项进行了说明。但是，本标准的条文不具备和标准正文同等的法律效力，仅供使用者作为理解和把握标准规定的参考。

目　次

1 总 则

1.0.1 节能减排是我国长期基本国策，建筑能耗占社会能耗27%以上，做好建筑节能，具有重要意义。近年来，作为节能重点的公共建筑总面积迅速增加，其单位面积能耗不减反增（增幅达到 30%），大型公共建筑的建筑面积不到城镇建筑总量的 4%，但是却消耗了建筑能耗总量的 22%。另外，机电系统管理水平较低、设备管理观念落后，造成了大量公共建筑从建成投入使用开始就成为高能耗建筑。

自绿色建筑设计全面执行《公共建筑节能设计标准》GB 50189 和《民用建筑绿色设计规范》JGJ/T 229 以来，截至2015 年 6 月 30 日，全国累计评出的 3 194 项绿色建筑评价标识项目中，设计绿色标识多达 3 009 项，然而运行绿色标识却只有 185 项（占总数的 5.8%）。这表明：达到设计认证标识的绿色建筑经不起实践考验，实际运行中并没有达到节能目标，无法取得绿色建筑运行标识。究其原因，机电系统无法真正节能运行是重要原因。

降低公共建筑的实际运行能耗是下一步节能工作的重点，新形势下面临的障碍和瓶颈是如何让降低公共建筑运行能耗落到实处。住房和城乡建设部推出的建筑“能效提升工程”中，建筑能效提升路线图给出了各类建筑能效基线水平，并将控制和降低公共建筑机电系统实际运行能耗放在了重要工作内容上。

制定节能运行技术标准，能规范和指导公共建筑设备系统的节能运行管理，让节能运行管理有标准规范可依，避免因机电系统管理水平较低、设备管理观念落后等原因造成偏离设计初衷而引起公共建筑的高能耗运行问题，从而有效推进节能减排工作，改善设备运营现状。

1.0.2 机电系统节能运行管理是建筑设备管理的一个重要组成部分，是兼顾建筑能效，并以建筑全生命周期内机电系统能效为对象的管理。本标准针对已投入运行的建筑机电系统，从维护管理、系统调适及节能运行几个方面进行编制，用于在运行管理阶段指导物业节能管理。

3 基本规定

3.0.1 公共建筑机电系统具有专业性，需要具有专业知识的管理人员进行运行维护管理。专业管理人员是节能运行的基础，恰当的运行维护管理不但能创造舒适环境，保证建筑生产功能，还能延长设备使用寿命，增加设备的经济效能，在建筑全寿命期内达到建筑节能的目的。

3.0.2 供暖空调系统的节能应在保证舒适的室内环境条件下进行，不能以牺牲健康为代价。室内空气品质应满足《室内空气质量标准》GB/T 18883和《民用建筑工程室内环境污染控制规范》GB 50325的要求。

同样，室内房间的照度应满足《建筑照明设计标准》GB 50034的相关规定、电梯系统不能过分调整电梯群控参数导致候梯时间过长，增加乘梯人员烦躁情绪。降低酒店生活热水供水温度有很好的节能效果，但也不能降低客人用水体验的舒适性。

3.0.3 建筑机电系统运行维护管理机构有可能是物业管理公司的机电班组，也有可能是业主委托外包的专业服务团队，都应该建立完善的节能运行管理制度。完善的节能管理制度是提升建筑能效、实现建筑节能的重要保证措施。

3.0.4 四川处于多个气候分区，各分区对空调、供暖的要求不同，对能耗的需求也不一样，气候特征直接影响空调、供暖周期长短，甚至，各区域同一天内的空调开启时间也不尽相同。另外，建筑的功能不同，建筑（比如商业、办公、酒店等）在使用中不同时间段的空调负荷、生活热水等均不会相同。机电运行策略应根据气候特点及建筑功能、使用特性制定。

管理人员应根据工程设计图纸、竣工资料、施工过程中的各种过程文件及现场实际，充分熟悉机电系统，掌握耗能设备及系统的工作原理，制定相应的节能运行方案，并根据实际情况择优选择执行。

3.0.5 本标准主要从物业管理者的行为角度探讨建筑节能运行技术，但仅有物业管理人员参与建筑节能工作是远远不够的。节能减排的行为主体是人，必须从每一个建筑使用者抓起。加强宣传，培养建筑使用者节能意识和行为节能习惯，可从源头上减少能耗需求，扩大建筑的节能空间。

4 管理制度

4.1 一般规定

4.1.1 承接查验是运维管理的基础工作和前提条件，也是运维管理机构真正开始工作的首要环节。运维管理机构应根据中华人民共和国住房和城乡建设部（建房〔2010〕165号）《物业承接查验办法》对建筑物业的相关设施设备进行承接查验。在承接查验过程中应把握细致入微与整体把握的原则，灵活应对非原则性不一致问题，严格检查工程质量。设计及施工单位（包括施工调试单位）对运行管理人员进行技术交底有助于运行管理人员更准确地熟悉系统，并据此制定节能运行管理措施。运行管理人员应特别注意对系统的节能措施、监测措施和监控点位的掌握。

4.1.2 建筑节能运行及维护管理需要现代化、专业化、标准化的物业管理模式，其中最主要的内容就是建立一套完整的管理制度，包括人员管理、资料管理、操作规程和系统运行维护管理规定等，以规范管理人员对系统的运行管理与维护保养。制定管理制度时，还应参照国际标准管理体系建立起物业管理机制，借鉴吸收国际上先进的物业管理方法，有利于在建筑运行过程中节约能源，降低能耗，降低环境破坏风险，减少环保支出，降低运行成本。

4.1.3 各项运行记录与管理工作（包括对设备的维护、保养等工作）记录是对节能运行分析的基础，因此需保证记录的完整性和准确性，以便于后期的节能运行分析与优化。

4.2 人员管理

4.2.1 机电设备运行管理是一项专业知识要求较高的工作，管理人员首先应该有相应的专业知识，应能对设备进行妥善的管理和正确操作，同时还应该具备节能运行的相关能力和经验。

对于公共建筑中涉及生命安全、危险性较大的锅炉、压力容器、压力管道、电梯等特种设备，应满足《中华人民共和国特种设备安全法》的相关规定。国务院令第549号《特种设备安全监察条例》第三十八条要求，作业人员应当按照国家有关规定经特种设备安全监督管理部门考核合格，取得国家统一格式的特种作业人员证书，方可从事相应的作业或管理工作。

4.3 运维管理

4.3.1 节能操作规程是指导操作管理人员工作的指南，应在各操作现场明示，促使操作人员严格遵守，以保证工作质量。建筑机电系统运行技术要求高，维护工作量大，无论是自行运维还是购买专业服务，都需要建立完善的操作规程和应急预案。

4.3.2 对机电设备、系统进行定期的巡回检查，可以及时了解和掌握设备运行情况，发现和消除事故隐患。巡检记录内容应至少包含：

1 机电设备零部件完好性；

2 设备与基础、管道连接；

3 电气设备绝缘、接地情况；

4 机电设备的润滑、振动、噪声、异响、异味、异色等状况；

5 系统承压、管道跑冒滴漏、堵塞、锈蚀、保温；

6 配套安全装置、制动装置、事故报警装置等的状态；

7 设备环境的温、湿度及机房卫生、整洁、通风等。

4.3.3 机电系统的运行管理，不但需要随时查看现状，了解系统与设备所处状态，还需要通过查看以往的运行数据，寻找系统潜在的安全隐患，分析存在的节能空间。系统与设备的历史运行数据有助于管理人员掌握设备性能及其变化规律，综合权衡各指标之间相互影响，在保证正常运行的基础上，找出系统在各工况下相对比较经济的运行方式，降低运行成本，达到节能运行的目的。

4.3.4 因受室外环境、建筑运行模式等因素的影响，系统运行工况和负荷率处于不断变化的状态，当偏离设计工况时，应通过节能检测和运行数据分析，对系统进行调适，使之适合当前的运行工况，降低系统能源损失，提高系统综合运行能效。

4.3.5 分类能耗是指根据建筑消耗的主要能源种类划分进行采集和整理的能耗数据，如电、燃气、水等。分项能耗是指根据建筑消耗的各类能源的主要用途划分进行采集和整理的能耗数据，如空调用电、动力用电、照明用电等。能耗分项计量可为建筑运行能耗分析提供更细化、准确的数据信息，并为建筑节能诊断和节能改造提供决策依据。随着建筑能耗分项计量在全国范围内的逐步推广和相关行业标准的出台，建筑能耗分项计量越来越得到重视。

能耗分项计量系统有助于准确计量建筑各项能耗。对于未设置能耗分项计量系统或分项计量系统不完善的既有建筑，通过人工数据采集的方法，同样能收集到节能运行和能耗分析需要的数据。

在建筑的全寿命周期中，初期制定的节能运行方案可能会随着建筑功能的调整、负荷的变化变得不再适应建筑用能需求，建立能耗统计分析制度，通过定期数据分析与预测，及时捕捉负荷变化需求，并对运行方案不断优化和完善，可以更好地适应建筑实际用能特征，达到节能目的。

4.3.6 机电系统运行与管理情况包含管理制度执行情况、系统运行与调节情况、设备设施完好率、运行故障处理、用能情况（预期、同比、环比）等。

4.4 资料管理

4.4.3 运行管理记录包含巡查记录、运行参数记录、维护保养记录、值班和交接班记录等。

5 供暖、通风与空调系统

5.1 一般规定

5.1.1 节能运行方案应该是在充分了解建筑负荷要求、供暖空调系统运行特点的基础上，结合长期节能运行经验而制定。合理的节能运行方案，有利于指导管理人员根据负荷及使用条件的变化，制定合理的系统运行方式。

5.1.2 空调系统的主要目的是创造舒适的室内空气环境，满足人们办公、学习、娱乐等功能的舒适及卫生要求。空调系统运行时，恰当室内温度的设定对建筑能耗具有较大的影响。夏季设计温度太低或冬季室内设计温度太高，都会增加建筑的冷热负荷。实际运行中房间设定温度可根据设计温度和实际情况，结合根据穿衣指数和人群身体条件等因素确定。在满足舒适要求的条件下，可适当提高夏季的室内设计温度和相对湿度，或降低冬季的室内设计温度，不要盲目追求夏季室内空气温度过低、过干或冬季室内设计温度过高。

根据中华人民共和国住房和城乡建设部（建科〔2008〕115号）《公共建筑室内温度控制管理办法》的规定和实际节能运行经验，公共建筑无特殊要求的场所，空调房间设定温度宜符合表1的规定。

表1 空调房间设定温度值

位置	冬季	夏季
一般房间	≤20 °C	≥26 °C
大堂、过厅	≤18 °C	≥28 °C

5.1.3 供暖季人体衣着适宜、保暖充分且处于安静状态时，室内温度 20 °C 比较舒适，18 °C 无冷感，15 °C 是产生明显冷感的温度界限。基于节能的原则，本着提高生活质量、满足室温可调的要求，在满足舒适的条件下尽量考虑节能，因此选择偏冷的环境。

与以对流为主的供暖系统相比，辐射供暖运行设定温度降低 2 °C 可达到同样的舒适度。采用辐射供暖时房间设定温度值可降低至 16 °C。

5.1.4 充分利用建筑被动技术减少建筑的冷热负荷，可降低供暖空调系统负荷，减少设备运行耗电量，降低运行费用。

1 《公共建筑节能设计标准》GB 50189 对建筑外门、外窗的气密性有明确要求。验收合格的建筑外门、外窗在运行多年后，其气密性会衰减，导致建筑能耗增加，节能运行管理中应定期检查，发现门窗密封条损坏、漏风严重的应及时修整。

2 建筑保温效果对于供暖、空调负荷影响较大，建筑使用中应进行必要的检查和维护。

3 夏季太阳辐射通过外窗会大量增加建筑冷负荷，造成空调效果显著下降，设置有窗帘等遮阳措施的场所，此时应及时打开遮阳装置阻止阳光进入室内。同样，冬季白天太阳辐射较强时，及时收起遮阳装置使阳光进入室内，增加建筑太阳辐射得热，从而减少建筑热负荷。

遮阳技术应需要根据时间和气候情况合理利用。夏季夜间，室内热表面通过外窗（或采光屋顶）向黑体温度更低的地方辐射传热，有助于减少建筑蓄热。此时则应打开遮阳措施，为辐射传热创造条件。同样，冬季为了白天获得日照辐射热量收来的遮阳措施，在夜间若未及时打开，则可能又会造成夜间室内热量通过外窗、采光屋顶辐射散失，造成能源浪费。因此，遮阳措施一定要合理利用才能达到节能效果。

4 利用自然通风对房间降温具有显著的节能收益。注意条文中说的消除余热需求不仅仅指房间使用时的空调冷负荷需求，对于间歇运行的系统，空调系统不运行期间，室外空气焓值低于室内空气焓值时（包括夏季夜间），采用室外空气对房间进行预冷，也能有效降低房间的冷负荷需求。

5.1.5 调查显示，公共建筑（如办公等场所）的空调系统运行时门窗开启的现象并非个例，这种现象导致房间空调负荷剧增加。夏季房间无组织进风还会造成局部结露，影响房间的舒适性，故供暖空调系统运行时应避免开启门窗。对于公共区域，运维管理人员应确保门窗关闭，避免无组织进风；对于非公共区域，一方面可加强巡查，另一方面应加大节能运行宣传力度，提高房间使用人员节能意识，使其自觉关闭门窗。

5.1.6 供暖、通风及空调系统的节能不能以牺牲人的健康和舒适为代价，公共建筑节能运行管理中应坚持以人为本，不能通过不开空调新风、降低对污染空气必要的过滤要求等方法达到节能目的。供暖通风及空调系统节能管理应保证房间正常生产、生活所必需的室内空气品质，控制室内污染物浓度在合理的范围内。

5.1.7 建筑在使用过程中，使用性质、功能、围护结构热工性能等可能发生一些改变，导致系统负荷及水系统分配需求发生变化。供暖、通风及空调系统应适应变化后的负荷需求，必要时应对系统进行调适。

5.2 冷、热源设备

5.2.1 对于锅炉房，应保证锅炉有充足的燃烧空气量，以保证锅炉能正常高效地运行。设计采用机械送风的锅炉房在运行期间若停止风机送风，会导致燃料无法充分燃烧、锅炉效率降低甚至造成锅炉无法正常运行。

对于水泵房，必要的通风措施可以保证房间干燥，阻止设备锈蚀、线路老化；配电房等房间采用适当的通风可以降低环境温度，保证设备正常高效运行，必要的情况下，还需要设置除湿设备。

5.2.2 进入锅炉水质不良，受热面上会形成水垢。水垢的导热系数是钢铁的导热系数的 1/10～1/100，水垢的生成会极大地影响锅炉导热能力，在增加能源消耗、降低锅炉出力的同时，还会增加水路阻力。另外，水质不佳，造成锅炉结垢，锅炉受热面两侧的温差增大，金属壁温升高，强度降低，在锅内压力作用下，发生鼓包，使得锅炉受热面损坏，甚至引起爆管等严重事故；同样，锅炉的省煤器、水冷壁、对流管束及锅筒等构件都会因水质不良而引起腐蚀。结果使这些金属构件变薄和凹陷，甚至穿孔。更为严重的腐蚀会使金属内部结构遭到破坏。被腐蚀的金属强度显著降低。因此，严重影响锅炉安全运行，缩短锅炉使用年限，造成经济上的损失。

5.2.3 溴化锂吸收式机组内制冷剂为水，在机组内部压力达到为 6 mmHg 的封闭容器内，制冷剂水在 4 °C 沸腾蒸发，吸收容器铜管内通入冷媒水的热量，使冷媒体温度降低至 7 °C，以产生空调用冷水的目的。当真空度破坏，机组内部的压力逐渐升高，制冷循环将无法继续进行，导致机组不能正常运行。

真空锅炉是利用水在低压情况下沸点低的特性，快速加热封闭的炉体内填装的热媒水，使热媒水沸腾蒸发出高温水蒸气，水蒸气凝结在换热管上加热换热管内的冷水，达到供应热水的目的。真空锅炉在真空状态下运行，沸点低，凝结换热的效率较高，还可减少锅炉本体结垢、氧腐蚀等问题，寿命较长。真空度破坏后，真空锅炉停止沸腾，无法完成换热，几乎没有热量输出。

真空度破坏的原因主要有：① 不凝性气体的产生：热媒水和炉体（钢板）会发生化学反应，释放出一种不凝性气体（H_2），不凝性气体将直接影响真空锅炉的真空度，而这种现象是无法预防的。② 机组本体泄露：焊缝、密封部位、钢材的质量缺陷，真空锅炉的真空泵、三通电磁阀是否工作正常，由于真空泵、三通电磁阀不是经常运行，原装进口的也容易出现卡死及运行中发生故障，进而影响真空度。因此工作中要特别注意机组的真空度，及时抽除不凝性气体。

5.2.4 燃煤锅炉运行负荷在额定供热负荷 80%～100%时，炉膛热强度较高且稳定，锅炉热效率处于产品设计效率范围之内。锅炉在低负荷下运行，其炉膛热强度较低且不稳定，必然会对辐射热吸收产生负影响，因传热效率下降导致锅炉热效率降低；锅炉在低负荷下还会产生低温结露等不良影响。锅炉负荷超过额定负荷较多时，会造成排烟温度升高、不完全燃烧热损失增加，热效率也会大大降低。因此实际运行应根据负荷情况，控制开启合适的台数，确保单台锅炉平均运行效率接近其额定效率。

锅炉启停需要经过吹扫、消耗燃气；锅炉待机时间内，面临较大的热量损失，锅炉间歇运行启动时由于运行参数较低，远离锅炉额定负荷，热效率较低，会消耗更多的燃料，故应根据末端负荷，采用质调节、量调节以及合理的台数控制方式来尽量使得锅炉的高效率运行，尽量减少燃烧机的点火次数，延长火头的点燃时间，从而延长锅炉的高效运行时间，以提高系统总的运行效率。

5.2.5 在不影响末端供暖效果以及锅炉正常运行的情况下，适当调低燃气热水机组的出水温度，可降低锅炉的排烟温度，从而可以降低锅炉排烟热损失、过热损失和系统散热损失，提高系统的节能性，如图1所示。

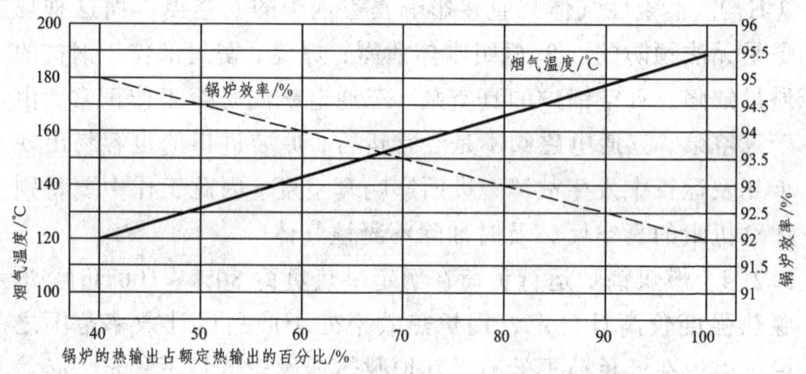

图1 燃气热水锅炉烟气温度与效率关系图

5.2.6 水流旁通经过不运行的锅炉，会导致运行锅炉的水流量减少，即处理水量减少，与未处理的水流混合后，导致热源供水温度降低，降低了锅炉的利用效率和末端热舒适，同时也增加了锅炉的散热损失。

5.2.7 除了生产工艺必须使用蒸汽以外，对于供暖、通风和热水供应等应采用热水供热。

一般地，蒸汽系统的凝结水因不可能完全回收会有一定的凝结水排放损失；另外蒸汽系统需要换热成热水系统才能作为供暖和空调热源，因此存在换热损失；蒸汽锅炉因连续或定期排污存在排污热损；因为输送蒸汽管道温度高，其散热损失也比热水系统大；蒸汽锅炉排烟温度高于热水锅炉，排烟热损失也比较大。据调查：蒸汽锅炉系统凝结水排放损失约占锅炉制热量 15%，其一次换热损失约占 5%，排污损失约占 10%，因此，就算不考虑其他因素，对于热效率为 85%的蒸汽锅炉，其系统综合供热效率也仅为 62%；而普通常压热水锅炉综合供热效率可达 82%，真空锅炉供热效率更可达 92%。

因此，热水锅炉系统与蒸汽锅炉系统相比，具有较好的节能性。

根据《民用建筑供暖通风与空气调节设计规范》GB 50736 的 8.11.9 条规定，除厨房、洗衣、高温消毒以及冬季空调加湿等必须采用蒸汽的热负荷外，其余热负荷应以热水锅炉为热源。当蒸汽热负荷在总热负荷中的比例大于 70%且总热负荷≤1.4 MW 时，可采用蒸汽锅炉。实际运行项目中，若有蒸汽供热系统的主要负荷为供暖空调负荷的，在经技术经济比较后，发现确有节能潜力的宜更换为采用热水锅炉的供暖系统。

5.2.8 空气源热泵机组通过与室外空气进行热交换，获取制冷制热的冷热量。风冷热泵、多联式空调（热泵）机组及分体空调等设备的室外机处于空气流通顺畅的场所才能保证充分的热交换。空气流通不顺畅，制冷时造成设备周围环境温度持续偏高，制热时设备环境温度偏低，都会造成设备能效降低，甚至造成停机保护等情况。

冬季由于室外机结霜，热泵机组会进入化霜程序。化霜程序并非总是将散热器上的霜全部融化，更多情况下是使贴在散热器表面的冰霜融化致使结霜层脱落。调研发现，室外机安装的位置若不便于化霜水（包括冰渣）顺利排走，化霜程序结束后冰渣仍然堆积在设备周围，容易造成散热器再次结霜，使机组反复进入化霜程序，热泵机组有效制热时间减少，造成能源浪费。实际运行中出现这种现象时，可采取清除设备周围杂物、抬高设备安装支墩等方法整改，方便除霜水（包括冰渣）顺利排走。

5.2.9 空气源热泵机组通常设置在室外空间，空气中的灰尘会黏结在换热翅片的外表面上，使换热效果变差，在环境比较恶劣的地方情况更为严重，因此应该定期进行清洗。灰尘较少时可以用压缩空气吹干净，如果污物较多，应采用无腐蚀作用的清洗剂清洗散热管和翅片，达到改善换热效果的目的。

5.2.10 冷凝热回收型冷水（热泵）机组利用冷凝热来加热或预热空调热水、卫生（生活）热水、生产工艺用热水或满足其他热水用途，在给建筑提供空调冷负荷的同时承担部分热负荷，是一种有效提高能源利用效率的技术。但要注意：热回收系统提供热水温度越高，冷水（热泵）机组 COP 越低，因此不宜盲目提高热水出水温度。冷凝热回收型冷水（热泵）机组应以制冷为主、供热为辅的原则进行运行管理，热水不足部分，可采用其他辅助热源方式补充。

5.2.11 冷水机组出水温度由工程设计确定，标准工况下一般宜保持在 6 °C ~ 12 °C。当室外条件不变时，出水温度提高 1 ℃，冷水主机效率提高 2% ~ 5%，适当的时候，可通过提高冷水机组出水温度达到节能目的。但运用此节能技术时应注意：对于冷水机组负担室内除湿工况的空调系统，供水温度过高会降低空调末端的除湿能力，导致室内湿度超过标准，因此通过提高冷水机组出水温度的节能措施必须在不影响房间舒适度的情况下进行。

同时，在满足室内末端负荷需求及机组可调范围的前提下，降低热泵机组的冬季空调供暖出水温度，可提升机组能效，达到系统节能的目的。

5.2.12 对多台冷水机组并联运行的要求。

1 冷水主机效率受很多因素的影响，基于标准工况下的瞬时效率并不等同于实际工况下的瞬时效率。应根据不同气候特征监测冷水主机的效率情况，确定开启主机的台数，保证每台主机均在其自身的高效区间内运行，避免单台主机超负荷运行或多台主机在低效率区间运行的情况。

应通过负荷的变化趋势及运行时间表，提前做好多台相同制冷量及不同制冷量机组运行台数的调整准备，并视制冷系统对空调负荷的反应时间提前开关机。但应避免频繁开关机；加减载机宜结合负荷预测的方法。

多台机组并联运行时，还应根据主机参数间隔启动，以减少主机启动对电网的影响。

2 并联设计的冷水机组（包括模块机组等），其中一台（或多台）主机停止运行时，其对应的冷冻水和冷却水管路关断阀门应及时关闭，防止短路旁通。设有自控系统的机房，其定流量主机对应电动阀门应采用缓开缓闭式，以确保在关断某一回路时减小对其他并联冷水主机的冲击。

3 当多台同型号冷水主机并联运行时，应保证每个支路的水流量基本相同；当不同型号主机并联时，应保证各支路按照主机要求分配水流量；当个支路流量与主机负荷不匹配时，应通过水力调节措施修正这种不匹配。

5.2.13 衡量冷却塔性能的主要指标有：冷却塔飘水率、风机耗电比。飘水率是指冷却塔出口随气流飘至塔外损耗的水量与冷却塔循环水量之比值（%），实际运维管理中，很难有较好的方法检测出冷却塔的实际飘水率，但飘水率一般不受运行年限的影响，设备厂家应在供货时提供该参数。风机耗电比是冷却塔风机耗电功率与冷却水量的比值[kW/（m^3/h）]，风机耗电功率和冷却水量均为冷却塔实测效率不低于 95%额定效率工况下的实测值。根据现行国家标准《玻璃纤维增强塑料冷却塔 第1部分：中小型玻璃纤维增强塑料冷却塔》GB/T 7190.1，冷却塔飘水率、风机耗电比的限值分别为 0.015%、0.035 kW/（m^3/h），当冷却塔实际运行的飘水率或风机耗电比大于限值时，应进行整改或更换。

5.2.14 冷却塔布水均匀可充分利用填料面积，发挥冷却塔的热力性能，降低冷却塔的风机耗电比。

通常，冷却塔厂家都会对塔内的配水系统进行专门设计，以保证冷却塔在额定流量下塔内布水均匀。但塔内布水均匀得以实现的首要条件是，保证冷却塔安装的水平度。实际工程中，若冷却塔安装的水平度不满足要求，会直接影响冷却塔内布水的均匀性，进而影响换热效果。特别是在变流量系统的小流量工况下，安装水平度偏差越大的冷却塔，内部布水均匀性越差。冷却塔安装水平度和垂直度允许偏差均为 0.2%，检查冷却塔安装的水平度和垂直度可采用水平仪、经纬仪等仪器。

实际运行时除了冷却塔布置不水平以外，由于布水设施自身特性、填料亲水性、现场填料施工安装等因素，也会产生冷却水非均匀喷淋、填料面积利用率低的现象。现场若发现这类现象，也应及时整改。

5.2.15 冷却塔利用水的蒸发吸热使水温下降。为保证蒸发效果，需要冷却塔周围空气畅通。空气流通不畅直接造成冷却塔冷却能力下降，冷水机组不能达到设计的制冷能力，增加系统能耗。

目前某些工程在设计中片面考虑建筑外立面美观等因素，将冷却塔安装区域用建筑外装修进行遮挡；另一些工程由于噪声影响，要求在冷却塔周围设置消声设施；还有一些工程因为在后期运营中忽视冷却塔工作环境的重要性，在冷却塔周围堆放物品。以上现象都会减少冷却塔进风面积，影响冷却塔周围空气流通，甚至造成冷却塔排风与进风之间短路，出现热空气回流现象，影响冷却塔效率。运行中若发现冷却塔周围有空气流通不畅、排风与进风短路的问题，均应及时进行整改。

运行中还应检查冷却塔周围是否有热源、废气、油烟气的排放口。公共建筑由于场地限制，常将冷却塔和大楼排风口同时设置在（裙楼）屋面，热气排风口距离冷却塔过近，造成冷却塔周围湿球温度升高，影响冷却塔散热。油烟排放口距离冷却塔过近会造成油气进入冷却水系统，污染冷却塔的同时，会使主机冷凝器换热效果急剧降低，运行中应特别注意。工程中有以上现象时，应采用风管将排风口接至远离冷却塔的位置。

5.2.16 冷却塔在室外运行，吸收室外空气中的灰尘等杂质，长期运行下来，冷却塔填料上淤泥聚集，影响冷却塔中冷却水与空气换热的效果。同时，淤泥随冷却水进入管道系统和冷凝器使得管网阻力增大，水泵能耗上升；冷凝器污垢系数增大造成换热能力降低，主机能耗增大。因此，填料上附着淤泥或结垢时，应及时清洗。

填料有一定的合理使用时间，到一定的时候，应更换填料。填料间常用的固定方式有：胶水黏结和自连接。前者，填料片黏结为一个整体，不利于填料片表面的清洗；当填料有局部损坏时，填料必须整体更换。后者采用自连接方式，填料片相互扣接，无须胶水黏结，易于清洗，局部损坏时仅需更换损坏相关部位。

5.2.17 本条文为冷却塔正确维护提出了要求。

1 冷却塔淋水管喷头堵塞，局部阻力增大，会引起水泵能耗增加、冷却塔进水量减少、塔内布水不均、冷却塔性能降低等问题。

2 冷却塔布水盆盖（图 2）可以防止水的污染以及异物进入布水池堵塞喷头；同时避免阳光直射，抑制布水池内藻类植物生长；布水盆盖还可削弱塔内淋水噪声的传播。检修、维护中移动布水盆盖后应及时将布水盆盖恢复原位。

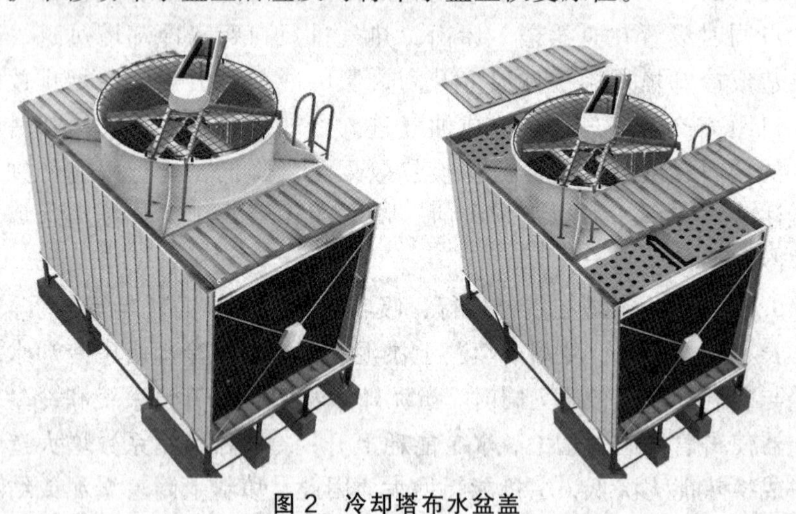

图 2　冷却塔布水盆盖

3　皮带过紧会导致轴承磨损，皮带过松会导致皮带打滑发热从而降低使用寿命，V形联组皮带的正常使用寿命为1年。应备有V形联组皮带的备用品。发现皮带轮表面有锈斑应及时清除，否则会加快皮带的磨损。

4　由于叶轮表面黏附灰尘等原因，引起叶轮失衡，导致风机运行不平稳，增加耗电的同时会增加噪声。

5.2.18　为避免多台冷却塔并联运行时水量分配不均造成冷却效率降低制定本条文。

1　多台冷却塔（组）并联运行安装高度不一致时，集水盘较低（集水盘中水位偏高）的容易出现溢流的现象，集水盘较高（集水盘内水位较低）的容易出现不停补水的现象。冷却塔开机时，集水盘较高的冷却塔，集水盘内冷却水易形成旋涡而使空气进入吸水管中，甚至出现抽空现象，造成系统（水泵）运行不平稳。因此，运维管理方应检查各冷却塔的水位是否一致。检查时可测量各集水盘上沿高度，各塔集水盘上沿高差超过30 mm时，应整改。

多台冷却塔（组）并联运行时，应采用平衡管联通集水盘，以此平衡各冷却塔集水盘之间的水位。当某台冷却塔集水盘内的水量突然增多时，平衡管将多余的水引至其他冷却塔的集水盘，从而避免溢出问题。平衡管平衡了多台冷却塔集水盘的水位，使各台冷却塔的集水盘静压值接近，避免一台出水量过大而另一台出水量偏小的情况。

2　多台冷却塔并联运行时如果水量分配不均，水量分配较少的冷却塔就无法充分发挥其冷却能力，而分配超过额定流量的冷却塔，由于冷却能力有限，无法达到应有的出水温度。不均匀的水量分配使冷却塔系统能力大打折扣。

并联冷却塔水量分配不平衡，主要源于管路布置问题（有的塔进水管道阻力小，出水管道阻力大；有的反之）。根据运行情况，适当调整阀门开启度，保证冷却塔水量的合理分配。

对于变流量冷却水系统，因为水量分配的阀门开度对应一定的水量值，在水量变化时，水量分配仍然存在不均匀问题，运行时应注意。

3 多台冷却塔并联运行时，若关闭某台冷却塔，应联动其进、出水管上的阀门进行可靠关断，防止冷却水通过该台冷却塔，让未经冷却的冷却水直接进入冷凝器。当进水管阀门不能可靠关断时，冷却水进入停止运行的冷却塔，未经冷却的冷却水由平衡管进入与其并联的冷却塔集水盘，与冷却后的冷却水混合，提高了冷凝器冷却水进水温度，削弱了冷凝器的换热能力。当出水阀门不能可靠关断时，冷却后的冷却水经平衡管进入停止运行的冷却塔集水盘，再进入出水主管；若平衡管不畅通，冷却后的冷却水经平衡管进入停止运行的冷却塔集水盘的水量小于出水量（停止运行的冷却塔与出水主管相联通，集水盘中的水持续被吸走），则导致停止运行的冷却塔不停补水，补充的水量经历一次循环后，经其他运行中冷却塔的集水盘溢出。

4 多台冷却塔并联运行，如何确定投入运行的冷却塔台数，以及风机运行状态等，应根据建筑负荷、气候条件、系统总体耗能情况确定，详本标准 10.5 节相关内容。

5.3 供暖及空调水系统

5.3.1 管道系统的不规范施工安装，会使得具有较大直径的颗粒物如焊渣、铁屑、麻丝（或其他纤维）、细小的碎片、铁锈等进入管道或设备内部。这些颗粒、碎片在管道内还会形成直径更大的黏结物，会造成空调及供暖设施末端的温控阀门、机械式热表、过滤网等堵塞，致使房间达不到温湿度控制要求，且水系统输送能耗增加。系统在投入运行前必须进行彻底的冲洗，在运行中还应按照本标准有关规定检查过滤器工作状态，发现堵塞应及时清理。

管道清洗包括物理清洗和化学清洗，在对水系统进行化学清洗除垢后及时进行钝化预膜处理，可有效地防止管道和设备发生二次腐蚀，保障设备正常安全运行。

5.3.2 管道出现跑冒滴漏现象，一方面造成水资源浪费，另一方面还造成大量的能耗损失。对于室内隐蔽工程，还可能造成装修破坏，影响正常工作生产。及早发现管道漏损，可以防微杜渐，避免损失加大，避免不必要的能源浪费。

管道系统的补偿器、支吊架（固定支架、滑动支架）等配件维持正常的工作状态，对于保证系统安全和正常运行有重要的作用。平时运行中应注意对这些配件的检查和维护。

5.3.3 防结垢和腐蚀是热水及蒸汽系统最重要的预防措施。锅炉结垢会造成效率降低，产生垢下腐蚀，管道腐蚀严重时，会增大穿孔泄露等重大风险，大大降低锅炉的安全性。

蒸汽及热水系统一般采用软化水和除氧装置对补水系统进行预处理，运行管理人员应严格按照水质软化系统（包括其再生系统）和除氧设备的要求进行操作和维护，维持设备正常运行状态。

运行中还应监控水质（包括水系统 pH 值等），对不满足水质要求的，应及时采取增加防腐剂、人工碱化等措施进行水处理。

5.3.4 蒸汽在各用汽设备中放出汽化潜热后，变为同温同压下的饱和凝结水，凝结水所具有的热量可达蒸汽全热量的20%~30%。另外，凝结水水质近于蒸馏水，几乎没有溶解氧和二氧化碳等气体，是很好的锅炉补给水。所以，充分回收并利用这些凝结水既可以节约锅炉燃料和软化水，又可以大大降低锅炉的运行成本，提高锅炉使用寿命，改善环境条件。

部分工程虽然设置了冷凝水回收系统，但对回收的冷凝水并没有给予足够的重视，因冷凝管道和设备维护的问题造成冷凝水就地排放或收集后随意处置等，造成浪费。

开式回收系统是把凝结水回收到锅炉的给水罐中，在凝结水的回收和利用过程中，回收管路的凝结水直接与大气接触，凝结水中的溶氧浓度提高，易产生设备腐蚀，同时热量散失也较大。

闭式回收系统是凝结水集水箱以及所有管路都处于恒定的正压下运行，系统是封闭的。系统中凝结水所具有的能量大部分通过一定的回收设备直接回收到锅炉里，凝结水的回收温度仅损失在管网降温部分，由于封闭，水质有保证，同时也很大程度上减少了回收进锅炉的水处理费用，同时也使得整个设备的工作寿命增长。

5.3.5 空调冷冻水系统通常是闭式的，水在系统中作闭式循环流动，不与空气接触，不受阳光照射，防垢与微生物控制不是主要问题。同时，由于没有水的蒸发、风吹飘散等浓缩问题，系统只要不发生泄漏，基本上不需要补充水量。因此，闭式循环冷冻水系统日常水质管理的工作目标主要是防止腐蚀。

闭式循环冷冻水系统的腐蚀主要由三方面原因引起：一是厌氧微生物的生长而形成的腐蚀；二是由膨胀水箱的补水或阀

门、管道接头、水泵的填料漏气而带入的少量氧气造成的氧化腐蚀；三是由于系统由不同的金属材料组成，如铜（热交换器管束）、钢（水管）、铸铁（水泵与阀门）等，因此还存在由不同金属材料导致的电偶腐蚀。冷冻水的日常水处理工作主要是解决水对金属的腐蚀问题，可以通过选用合适的缓蚀剂予以解决。由于冷冻水系统是闭式系统，一次投药达到足够浓度可以长时间发挥作用。

在系统中增设除氧设施，对于预防冷冻水系统氧化腐蚀具有明显的作用。

5.3.6 本条对冷却水节能运行管理做出了规定。

1 开式冷却塔运行环境恶劣，冷却水系统很容易受到污染。冷却水系统中的水垢、淤泥、腐蚀产物和微生物黏泥等沉积物会造成冷却水系统阻力增加、冷凝器污垢系数升高，不利于冷却水系统节能运行。

冷却水的温度基本在 25 °C ~ 35 °C，比较适合细菌（如军团菌等）生长；同时因为冷却水系统中存在细菌、沉积物等有机杂质，为军团菌的生长提供养料；加上冷却塔常用冷却水与空气直接接触的冷却方式，传热过程中伴随着传质过程，都为军团菌的滋生及军团菌气溶胶的传播提供了条件。冷却水系统中的沉积物得不到及时的清洗，就会对人体健康造成严重威胁。

运行过程中应定期对冷却水系统进行水质检查、清洗和消毒。大中型循环冷却水系统应采用连续加药方式，即将缓蚀剂和阻垢剂等以计量泵连续加入水池。对于小型系统可采间断加药方式，即每日或每班加 1 次 ~ 2 次。采用间断排污时，应在排污之后加药。加药位置应满足以下要求：1）避免靠近排污口，以免药剂没进入冷却水循环系统就被排走；2）避免靠近某一台泵，防止药剂分布不均；3）保证药剂在冷却水系统中混合均匀，且有充分的作用时间。冷却水系统水质标准可按照《采暖空调系统水质》GB/T 29044 的要求执行。

2 循环冷却水通过冷却塔时水分不断蒸发，冷却水中的离子浓度会越来越大。为了防止由于高离子浓度带来的结垢等种种弊病，必须及时排污。排污方法通常有定期排污和控制离子浓度排污。这两种方法都可以采用自动控制方法，其中控制离子浓度排污方法在使用效果与节能方面具有明显优点。

5.3.8 过滤器作为输送介质管道上不可或缺的一种装置，具有去除管内杂质，保护重要设备作用。但同时，过滤器会加大管道局部阻力，增加水泵扬程。采用低阻力型过滤装置可以降低管道阻力，有条件时可以考虑。

过滤网两边的阻力会随着滤渣的增多而升高，系统运行过程中应通过获取过滤器两端的压力值了解过滤器阻力，发现过滤网堵塞时应及时清除过滤网上的滤渣（有些系统可能并未在过滤器两侧设置压力表，鉴于压力表对判断过滤器堵塞的直观便利性，建议在实际运行中择机增设）。

冷冻水等闭式系统初次安装完成投入运行时，由于管道内焊渣、铁屑、麻丝等杂物较多，一般需要较大目数的过滤网。运行一段时间后，闭式系统内杂质会大大减少，当管道冲洗水质满足要求后可及时更换为较小目数的过滤网，有效降低系统阻力。

5.3.9 粗糙的施工质量会造成系统运行中管道出现保温绝热层脱落、破损、保温层与木托黏结不严密、保温材料之间黏结不严密、弯头处开胶等现象。另外，施工中往往会忽视管道穿楼板和穿墙处的绝热层连续性问题，造成保温材料间断，管道产生凝结水，保温效果大打折扣，造成系统能耗大大增加。

工程实践表明，施工中最易忽视空调工程的冷热管道与支吊架之间的绝热衬垫质量，造成管道与支吊架直接接触形成冷热桥，导致大量冷热量损失，运行中应重点检查。

5.3.10 供暖空调水系统集气若不能及时排除，会影响支路的水力分配，造成末端供水不足，影响供暖空调效果。随着集气量进一步增加，空气将逐步破坏并最终隔断冷热水的连续性。聚集的空气在管道压力的冲击作用下会造成水锤性振动，轻者产生噪声、破坏管道系统的稳定性，重者造成管道连接部件及设备破裂。

根据系统集气产生振动噪声的特点，一般很容易判断出水系统集气现象。发现集气应及时排除。

排气装置一般设计在系统各回路最高点。但实际安装过程中，因为现场情况与设计不同，排气阀未必安装在系统最高点；管道交叉局部上翻形成倒“U"处也可能未安装排气装置；自动排气阀未正常工作等情况都会造成系统集气。运行中应检查工程实际施工情况（特别是隐蔽工程），在必要的地方增设排气装置，及时维修更换发生故障的排气装置，保证排气畅通。

5.3.11 由于设计不精确，或者实际施工与设计的偏差，水泵选型往往并非系统实际需要，很多情况下都存在水泵扬程或流量偏大的现象。实际运行中应检测水泵实际运行情况，通过测试水泵水量、耗电量、读取水泵扬程，计算水泵实际能耗。偏大的水泵长期处于效率较低区间运行，造成水系统能耗增加，应采取措施减少水泵能耗。

水系统未按照实际所需提供循环水量，造成大流量小温差运行，造成系统能耗增加。运行中应监测水系统供回水温差，保证其不小于设计温差的 80%，使水系统循环水量尽量贴近实际需要，有效避免能源浪费。

5.3.12 加大冷冻水供、回水温差，可以减小冷冻水流量，从而减少水泵输送能耗。对于一般的冷水机组制冷系统，在能满足房间舒适度的前提下，该技术措施有一定的节能空间。

5.3.13 当末端调节阀失效时，末端负荷需求的变化不能反映到水系统的压力变化上，导致采用压差控制水泵变频的系统不能有效工作，无法达到节能目的。应定期检测末端调节阀的有效性，保证末端调节阀调节功能正常。

5.3.14 很多工程机房内分、集水器（或供回水干管）的电动旁通阀组长期处于一个状态，并没有适应末端负荷变化的需求，甚至有些系统的电动旁通阀一直保持在常开状态。旁通装置失去调节作用，水系统节能根本无法实现。应检查旁通阀组的控制反馈机制是否有效，并调整控制压力使其适应系统实际需求。

5.3.15 现行国家标准《民用建筑供暖通风与空气调节设计规范》GB 50736 第 8.5.11 条规定，除空调热水和空调冷水系统的流量和管网特性及水泵工作特性吻合的情况外，两管制空调水系统应分别设置冷水和热水循环泵。但既有建筑中仍有并不满足以上条件的一些工程共用冷热水循环泵，造成供热时水泵处于低效区运行，浪费电能。对于这样的既有建筑，对水系统进行适当技术改造，不但可以避免小温差大流量情况，还具有客观的节能收益。

5.4 通风及空调风系统

5.4.1 在运行管理中，空调通风管道的质量一般不会引起重视，对于安装在顶棚、设备夹层等封闭空间内的风管，由于检查不便，就算出现问题也不会被人发现。然而风管系统出现质量问题，对空调能耗及空调通风效果影响很大，应引起运营人员重视。

1 对于薄钢板风管，一般在初次验收之后，运行中一般不会产生较大质量问题，但对于一些非金属材料（如玻璃纤维、无机复合材料等）风管，在使用一段时间后会出现龟裂或粉化现象，甚至因为强度下降而出现风管变形，严重时造成大量漏风，工程中出现该现象时，应及时整改。

2 风管系统漏风会造成送风过程的冷热量损失，导致房间功能无法满足使用要求。对于安装于吊顶或设备夹层内的空调制冷风管，由于处于温度较高、湿度较大的场所，冷风泄露还可能在吊顶或设备夹层内产生冷凝水，造成不好的影响。因此，应对系统风道漏风情况做定期的检查。对于实际工程中已经出现产生冷凝水的，应立即整改。

风管安装质量及漏风问题可按照《通风与空调工程施工质量验收规范》GB 50243 中的方法进行检查。

5.4.2 良好的空调风管保温可减少空气输送过程中的冷热量损失。实际工程中，由于保温材料厚度不够或厚薄不均、保温材料存在间隙、因成品保护措施不到位出现保温层受损、采用离心玻璃棉保温时保温钉数量不够或分布不均、保温层黏结不实或压板脱落等原因都会影响保温效果。空调供冷时，由于保温板拼接缝隙过大、保护层破坏或黏结带开胶致使风管壁直接与空气接触，造成风管表面产生冷凝水，严重时会顺管道坡度在保温层内流动，导致故障检查排除更加困难。

运维管理方除应防范以上问题出现以外，还应检查风管保温系统支吊架冷热桥处理是否正确、风管系统中的法兰角钢、消声器等保温措施是否到位，对于风量调节阀，在不影响启闭的情况下，也应保温。

因此，应特别对空调通风系统管道保温做定期检查，在运行管理过程科参照本标准第 5.3.8 条中对水系统保温设施的维护要点进行管理，对保温效果的检查按国家标准《设备及管道绝热效果的测试与评价》GB/T 8174 的要求执行。

5.4.3 空调通风系统会根据室外空气环境、室内空气品质要求，分别设置初效、中效或高效过滤装置，设置位置包括空调新风机或新风管道入口、空调回风口及空调设备内（包括组合式空调的过滤段、柜式空调器或空气-空气能量回收装置风道入口）等。过滤装置脏堵后，不但起不到对空气中污染物的过滤作用，还会因为过滤网上滋生细菌造成室内空气卫生状况下降，风道阻力增加也会造成风机能耗增加。运行管理中，应定期对风道上的所有过滤装置进行检查，发现脏堵应及时清洗或更换。

5.4.4 空调通风系统在初次安装调试完成后，风管系统内部会有杂物和灰尘，投入运行前应该吹扫清洗。

长期运行的风系统，除过滤网外，风管内壁、空调设备表冷器翅片表面等都会堆积尘污，得不到及时清洗的换热器会成为细菌滋生的温床；通过风系统细菌（包括军团菌等）可直接送到人留区域。以上情况对空气质量的影响都相当严重，威胁人体健康。《公共场所集中空调通风系统卫生规范》WS 394 给出了空调送风卫生指标，并对空调风管、空气净化过滤材料、空气处理机组、表冷器、加热（湿）器、冷凝水盘管等清洗提出了明确要求（表 2）。

表 2　送风卫生指标

项　目	指　标
PM10	≤0.15 mg/m^3
细菌总数	≤500 CFU/m^3
真菌总数	≤500 CFU/m^3
β溶血性链球菌	不得检出
嗜肺军团菌（不作为许可的必检项目）	不得检出

空调通风系统中的灰尘和杂物还会造成风阻增大、送风量减少以及换热效果衰减严重（图 3），在增加风机耗能、产生不必要的无功能耗的同时，还会导致空调系统制冷制热能力下降。

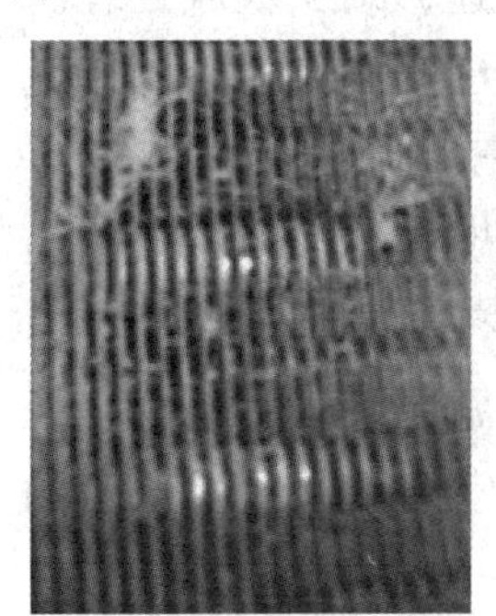
2 年未清洗

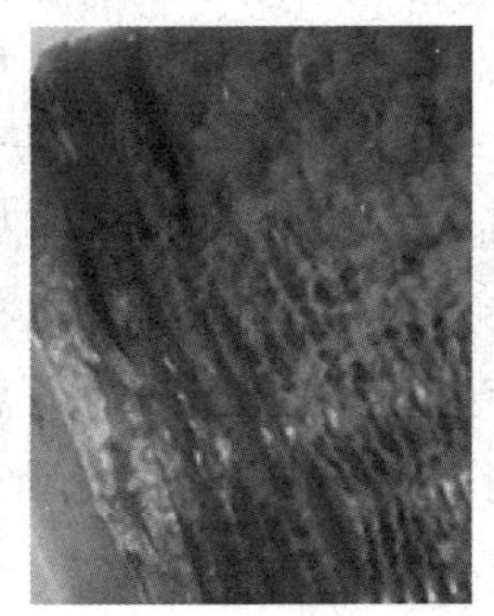
5 年未清洗

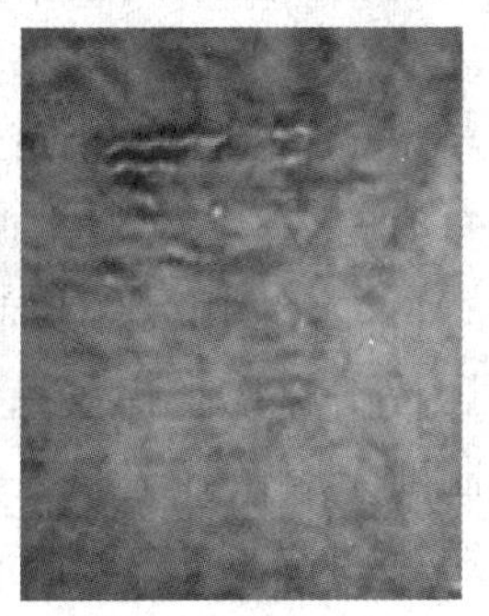
8 年未清洗

图 3　风机盘管换热器表面脏堵情况

在实际运行中，当发现当房间空气质量明显下降、因风系统阻力增加导致空调系统性能下降时，应该根据检查结果对风系统清洗或更换阻力元件。

空调风系统清洗方法可依照现行国家标准《空调通风系统

清洗规范》GB 19210 执行。

5.4.5 对空调新风系统运维管理的要求。

1、2 条为保证新风系统送风品质，条文对新风系统的运行维护管理做出了规定。

3 在空调系统中新风负荷占较大的比重。对于商场或公共建筑中的会议室、宴会厅等人员密度变化较大的场所，如果按照设计工况，新风量较大，新风处理负荷也较大，在室内人员较少时送入过多的新风会造成不必要的能源消耗，故应根据实际人流密度确定新风送风量。

新风量的控制方法有多种，有的根据 CO_2 浓度控制，有的根据室内人员数量控制。对于这样的系统，应检查和调试控制系统，保证系统根据需要自动调节风机转速，减少新风处理所需冷热量和风机功率。对于定风量或没有自控设施的空调新风系统，管理人员也可采用间歇运行的方法达到节能目的。

5.4.6 本条文对空调末端设备节能运行做出了规定。

1 采用变频控制的空调风系统，能有效减少风机能耗，运行中应检查控制系统，保证风机变速正常。采用手动分挡控制时，应做好巡视工作，并及时根据实际空调效果设置恰当的送风挡位。

2 及时关闭未使用房间的空气处理设备，可以避免能源浪费。对于房间围护结构蓄热性能良好的房间，有条件时可在空调房间停止使用前关闭空气处理机组。空调系统提前关闭时间应根据气候状况、空调负荷情况和建筑热惰性等因素确定。提前关闭空调末端不能造成对房间舒适性的影响，特别注意不宜关闭新风系统。

3 大型公共建筑内外区空调负荷特征分明，在冬季或过渡季节，部分内区房间有冷负荷需求；夏季夜间，也存在室外温度低于室内温度的情况，是否直接利用室外空气给房间降温，应具体分析，比如：夏季夜间采用室外冷风给房间降温的时候，要求在风机额定送风量下，室内外空气焓差应能满足降温需求；同时，由于除湿能力降低，采用室外空气降温时，应保证室内空气湿度控制在舒适范围内；冬季，则不能出现因为送风温度过低导致风口结露的现象。

5.4.7 间歇运行的空调系统，在空调系统不运行期间空调区域温度下降或升高，空调系统若只是在房间使用前才启动，则会影响房间舒适性。在房间投入使用之前，可提前对房间进行预冷预热，保证空调房间快速满足使用要求。

1 过渡季有条件利用自然冷源的时候，利用自然冷热源进行预冷预热有明显的节能效果，如：夏季夜间可启动新风机对房间送风，利用夜间室外低温空气对房间进行预冷。冬季或过渡季，对于内区有余热的房间，也可以启动新风系统或送风系统，向房间送入室外空气，对房间进行预冷。

2 对房间进行预冷预热时，房间并未投入使用，采用人工冷热源时，应关闭新风系统，避免不必要的能源浪费。

提前预冷和预热的时间与应根据气候状况、空调负荷情况和建筑热惰性等因素确定，当无法根据这些因素进行准确判断时，在使用人工冷热源的情况下，推荐在使用前 30 min 启动空气处理机组进行预热或预冷。

5.4.8 空气-空气能量回收装置运维管理要求。

1 空调系统中处理新风所需的冷热负荷占建筑物冷热负荷的比例很大，工程中通常采用空气-空气能量回收装置（空气热回收装置）回收空调排风中的热量和冷量，用来预热和预冷新风，可以产生显著的节能效益。

实际工程调查发现，空气-空气能量回收装置在运行一段时间后会出现漏风现象，导致热回收效率大幅降低。全热回收装置由于未及时更换滤芯，不但会造成换热效率降低，还会引起滤芯滋生霉菌，造成空气二次污染。因此，应定期检测热回收装置的性能，发现问题时应及时整改。

2 在过渡季节或者夏季夜间，室外空气温度低于室内设计温度时，可直接利用新风降温，若有条件，此时开启新风旁通装置，减少新风因经过转轮、板式等换热器而引起的阻力损失，节约系统能耗。

3 实际运行中，如冬季室外空气温度过低，排风侧会出现结霜或结露情况，此时应该开启新风预热装置（预热后的温度不宜超过 5 °C，否则会导致热回收装置效率下降）。

5.4.9 大型公共建筑（如商业等），设有规模比较大的厨房，其排风系统风量巨大，若未采取有效的风量平衡措施，大量空调区域的空气将被排除室外，造成极大的能源浪费。因此，要求将用于排油烟的补风直接送到灶台区域，可以避免排除空调区域的空气，达到节能的目的。

5.4.10 车库、修车库设置平时通风系统的主要目的在于稀释 CO 等污染气体的浓度，使其保持在允许浓度范围内。对于设置有 CO 浓度监控系统的汽车库、修车库，系统预设有 CO 浓度启停参数设置，实际运行应检查系统及浓度探测器是否正常即可。对于未设置 CO 浓度探测器的汽车库、修车库，管理人员根据经验，每日、定时启停风机也是很好的节能管理方法。

5.4.11 通风系统是为了维持特殊场所必需的工作生产需要。工况发生变化后应调整系统运行状态，没有通风需求时应及时关闭相应的系统。

民用建筑中，配电房排风系统主要用于排除房间余热，控制配电房环境温度；水泵房排风系统则主要用于排除房间内潮湿空气，维持房间必要的湿度要求。管理人员应检查房间温、湿度，并根据房间实际情况决定是否开启通风系统。同样，对于酒店卫生间等集中排风系统，在夜间洗漱比较集中的时间段，应让风机保持高速运行，在白天和深夜，则可适当降低排风机转速，达到节能目的。

6 供配电与照明系统

6.2 供配电系统

6.2.1 统计建筑物的日耗电、月耗电量及年耗电量是为了获得建筑物用电基础数据，通过对数据的分析对比，从而发现问题（能耗异常等），找出其主要因素，提出解决方案，以实现节能运行。当建筑物内设置有公共用电的计量表时，对各计量表计的月耗电和年耗电进行单独统计，是为了数据细化，更准确地统计到用电数据。

本处的建筑物，可以是一个建筑群、一个综合体或者一栋楼，具体由项目的业态和物业划分确定。从能源统计的角度讲，希望尽可能的细分，得到更细化的数据有利于制定节能运行措施。但在物业单位进场时，项目电能计量装置已经装设完成，且我省不同地方经济水平不同，因此本条不对总计量提出更细化要求。对于大面积、多业态的建筑物，若原建成的建筑仅有计量总表，物业单位也可根据物业管理需要增设计量表计。

6.2.3 对项目中低压回路的电流、电压、功率因数、谐波、电能等参数进行监测需结合项目实际设置的表计情况进行，若项目设置有以上表计，则需对设置表计进行监测，未设置表计的项不做要求。在有条件时，物业可以增设部分表计以获取系统的上述运行参数，以指导运行管理。

当设置有电流表计时，应观察回路三相电流平衡度，当某一回路长期处于三相不平衡状态时，建议对该回路末端单相负荷接入相序进行调整。因三相负载不平衡将增加变压器的损耗；三相负载不平衡运行会造成变压器零序电流过大，局部金属件温升增高；当三相负荷不平衡时，不论何种负荷分配情况，电流不平衡度越大，线损增量也越大。

6.2.4 季节性负荷在非工作季节时长期通电，系统中的供电线路、二次元件将长期处于耗能状态，因此应对其在电压配电屏或总配电箱处断开电源。但对于特别潮湿场所，断电后设备易受潮损坏，需保持通电状态。

6.3 照明系统

6.3.3 通常状况下，人们是在光源不亮时才会进行更换，这是不节能甚至是不安全的，当光源达到其使用寿命时，其光通量会明显降低，光通量降低即以为能效比降低，极其不节能。对于端头发黑的荧光灯，其能效已明显下降，且在其启动过程中可能产生蓝光危害人体健康，应及时更换。可以定期用光通量测试仪对灯具进行测量，也可以对房间照度进行测量，从而评估光源光通量变化。

6.3.5 对于采用人工控制的公共照明，特别是白天能自然采光的区域，为了避免无人管理导致照明长期处于接通状态，管理单位应制定照明控制的管理流程，将开关灯控制落实到人，制定开关灯时间，并要求岗位负责人填写相应记录，通过加强管理来实现节能。

6.3.6 现实中，诸多商业广告灯箱通宵持续运行，夜间不但起不到广告效应，还影响周边居民生活，同时浪费能耗及减少灯具寿命，因此应对商业广告照明制定节能运行管理措施。对于设置有自动开关控制装置的，应对其关灯时间进行调整，未设置自动开关控制装置的，应制定管理流程，并进行考核。

7 电梯系统

7.0.1 电梯系统属于建筑物重要的交通工具，包括各种电梯、自动扶梯及自动人行道等，其运行频率高、运行时间长，耗电量较大（统计表明，仅电梯一项的能耗就占建筑能耗的 5%~15%）。因此，对电梯系统用能进行统一管理，为电梯系统节能运行提供决策依据，对建筑节能具有重要意义。在电梯的整个使用寿命内的合理时间点上，应对电梯设备进行测量，检验设备的能量消耗在整个寿命内是否发生显著变化，并对不满足要求的电梯设备进行技术改造。电梯能效测试和评价方法可按照《电梯能效评价技术规范》DB51/T 1319 中规定的方法进行。

7.0.2 电梯在各耗能环节的耗能比大致为：电动机拖动负载消耗的电能占电梯总能耗的 70%以上，电梯门机开关厅门、轿厢门消耗电能占 20%左右，电梯照明、控制系统等其他环节消耗电能占 10%左右。单台电梯节能运行，需要分别从这几个方面出发，抓住重点、有的放矢。

1 电梯运行环境包括电梯机房以及电梯井道。电梯设备需要在适当的环境下（5 °C ~ 40 °C）才能正常运行。电梯机房内的曳引机、控制柜等设备发热量较大，容易造成通风不良的电梯机房温度升高。机房温度超过设备正常工作范围会造成电梯元器件老化损坏，减少设备寿命。运营中应确保电梯机房通风、空调设备正常工作。对于无机房的电梯，因其发热设备设置于电梯井道内，应维持电梯井道内的正常温湿度。同时，还应确保电梯运动部件运行顺畅或良好的润滑等，既可以降低电梯能耗，也可以降低噪声，减少磨损，延长寿命。

2 传统电梯采用蜗轮蜗杆减速器，若改为行星齿轮减速器或采用无齿轮传动，机械效率可提高 15%~25%。对于采用交流双速拖动（AC-2）系统或交流调压调速（ACVV）系统的电梯，若将拖动系统改为变频调压调速（VVVF）系统，电能损耗可减少 20%。当然，在进行这类改造的时候，需要在安装工艺尺寸允许的情况下进行，并确保改造后的曳引能力满足使用要求。

3 定期调校电梯平衡系数，曳引电梯的平衡系数应当在 0.4~0.5，如果平衡系数变小，当电梯重载时，能耗显著增大。

4 电梯在“非运行状态下自动节能”功能比较容易实现，无此节能控制功能的轿厢应进行整改。电梯轿厢内照明、通风等非消防用电设备应允许频繁启动和关闭，电梯内灯具宜选用节能的 LED 系统。设有空调的轿厢，应根据电梯运行情况，在不影响舒适度的情况下，也应在电梯停止运行时关闭空调。

7.0.3 电梯的驱动电动机通常是工作在拖动耗电或制动发电状态，当电梯轻载上行、重载下行以及减速运行时，驱动电梯处于发电制动状态，此时将机械能转化为电能。普通电梯将此电能消耗在电动机的绕组中，或者消耗在外加的能耗电阻上，两者都未充分利用发电效益，都被转换为热能白白浪费掉了。由于热能的产生，导致机房温度升高，情况严重时还需要增加通风、空调设备给机房降温，进而造成更多的能耗。

能量回馈装置使用电力电子变换技术,其主要作用就是将上述设备在运行过程中所产生的再生电能转换为同步的交流电能，并回收再利用。能量回馈系统节电效果十分明显（一般节电率为 15%~45%），在提高电梯节能环保的基础上，还能降低系统发热量，延长电梯使用寿命。由于无多余的发热量产生，电梯机房温度下降可以节省通风、空调耗电量，在许多场合，节约空调耗电量往往带来更优的节电效果。

目前很多厂家推出的能量回馈装置都可以加装在既有建筑在用电梯上，能收到良好的节能效果。

7.0.4 作为垂直交通运输工具的电梯在建筑中起到重要的作用，为了满足人们对电梯运输能力、服务质量和工作效率的要求，一般建筑都安装有多台电梯，此时就需要电梯群控系统控制协调电梯的运行。为保证乘客满意度，电梯群控系统需要以缩短候梯时间、减小长候梯率、减小轿厢拥挤度及降低能耗为目标，这些标准其实又是相互矛盾的，比如，为了节能可以减少投入运行的电梯台数，但这样会导致乘客候梯时间延长，增加乘客不满情绪。这就要求群控系统在几者之间寻求一个平衡点。

乘客对于候梯时间的容忍底线称为容忍阈值，良好的电梯群控系统应该能够根据平均候梯时间与能耗所占的比重，做出相应的调整，在系统满足候梯时间容忍阈值的基础上，减少乘客的平均候梯时间，并降低系统能耗。

由于各建筑实际使用情况不同，就算是同一建筑，其在不同的时间（比如大楼在刚开始招租投入运行、招租饱和大楼正常运行时）对电梯的使用强度也不一样，各大楼早、午、晚高峰出现的时间段也不一样。电梯厂家预设的群控系统参数不一定完全符合实际建筑的运行需求。管理人员应统计日常运行规律，根据本大楼实际情况，对电梯早、午、晚高峰时段的运行效果进行分析电梯专业调试人员，对不合理的电梯运行调整电梯群控系统控制参数，降低电梯系统总能耗。

7.0.5 在自动扶梯和自动人行道上安装感应传感器，电梯处于空载时，可暂停或低速运行，当传感器探测到目标时，自动扶梯和自动人行道转为正常工作状态。具有节能拖动及节能控制装置的自动扶梯和自动人行道在实际运行中具有较好的节能作用。

8 给排水系统

8.1 一般规定

8.1.1 大自然中的水通常需要经过处理、加压提升后才能变成洁净生活用水，在水处理（包括污、废水处理）及加压输送过程都需要消耗大量能源。提高用户节约用水意识，才能从根本上减少水资源消耗，减少能源浪费。

8.1.3 水表设置是否完善关乎用水计量的准确性，完善的用水计量设施有利于管理人员有针对性地开展节约用水管理；在管理工作开始前，管理人员应按供水使用功能逐项检查供水系统是否漏设或错设水表，如发现问题应及时与业主联系并提出整改措施；在管理过程中，还应定期检查水表计量的准确度。

8.1.4 供水系统包括生活给水系统、热水系统、再生水系统等，在运行过程中应定期检查供水系统中的设备、器具、配件及管道等情况，如有漏损，应及时维修或更换。

1 在更换用水设备时，宜优先选用技术先进、使用可再生能源的节能产品，如采用太阳能、空气源热泵、水源热泵等作为热源的热水制水设备等；对于已经实行能效等级划分的设备，应优先选择能效等级为 1 级或 2 级的产品。用水器具及配件更换时，所选产品性能应满足现行国家标准《节水型卫生洁具》GB/T 31436 的有关规定。

2 更换供水管道及其附件时，应选择低阻力、耐用、安全的产品，降低水输送过程中的能耗。

8.2 节能运行

8.2.1 加压水泵的能耗在给水系统的能耗中占很大比重，在开展机电设备管理工作前，机电运行管理部门应与设备供货商落实加压泵的高效区段。管理中应定期监测记录加压泵的出口压力、耗电量等运行参数。

8.2.2 本条对供水管网的运行维护提出了要求。

1 供水管网中过滤网堵塞、减压阀等附件工作不正常时，都会导致供水管网水损过大，供水系统末端压力偏低，最终增加无功能耗。运行中应及时排除管网中过滤器的堵塞，保证减压阀的正常工作。

2 长期监测各分区最有利用水点、最不利用水点、集中用水点的水压情况，便于管理人员跟踪供水系统的能源消耗。现行国家标准《民用建筑节水设计标准》GB 50555 规定，各用水点处供水压力不大于 0.2 MPa，当用水点水压过大时，不仅造成加压泵的能耗浪费，而且还会造成用水设备出水量偏大，导致水资源的浪费。

8.2.3 保温不满足要求，会造成生活热水系统热量损失，生活热水系统热量扩散至室内，还会增加了夏季通风、空调的负荷。因此，发现保温材料损坏或保温性能显著下降时应及时修复或更换。

8.2.4 通过对集中热水供应系统中温度的记录分析，可为集中热水供应系统的温度调节提供理论依据。热水制备设备的出水温度每降低 5 °C，热水系统可节能约 20%，但当热水制备温度调低后，会出现由于军团菌等细菌滋生所带来的热水用水安全性的问题。因此，从节能角度考虑，当有必要调低热水制备温度时，须经过专项论证可行后方可实施，以保证热水用水安全及舒适性。

8.2.6 本条主要强调局部热水供应系统应充分结合室内热水用水需求来制定运行参数，如办公建筑在下班后，应及时关闭制水设备。夏季到来时，小厨宝等电热水器是否开启、制水温度是否适当调低等应经过充分调研后确定。公共建筑采用电开水器供应饮用水时，应根据使用情况合理制定电开水器的工作时间，非工作时间切断电源。

8.2.7 污废水、地下室冲洗地面废水杂质较多，水质情况差，容易造成堵塞和缠绕，会影响提升设备的正常运转，增加水损。

8.2.8 夏季空调制冷时会产生冷凝水，对于大型公共建筑，收集冷凝水并综合利用本身就具有节水的作用。另外，冷凝水温度一般较低，将冷凝水集中收集后接入冷却塔积水盘不失为一种较好的节能措施：冷凝水不但可以作为冷却系统补水，还可以降低冷却水温度，从而提高冷水机组效率。实际工程中，也有将冷凝水收集后并入物理喷雾装置，用于对空气源热泵翅片降温的做法。

应注意空调冷凝水产生于开式环境中，冷凝水中可能会有一些微生物或杂质，空调冷凝水应综合利用并有相关的卫生措施。

8.2.9 实际运行操作过程按以下方法：应按水平衡测试的要求安装分级计量水表，定期检查用水量计量情况。如出现管网漏损情况，在更换时选用密闭性能好的阀门、设备，使用耐腐蚀、耐久性能好的管材、管件，并提供管网漏损检测记录和整改的报告。

8.2.10 节水灌溉系统主要为了弥补自然降水在数量上的不

足，以及在时间和空间上的分布不均匀，保证适时适量地提供景观植被生长所需水分。

实际运行操作过程方法为：充分利用自然气候条件，节约灌溉水耗，灌溉系统宜采用自动控制的模式运行，并应根据湿度传感器或气候变化的调节控制节水喷灌的运行。如有设备更换，应保留节水灌溉产品说明书并做好相关记录。

9 可再生能源利用系统

9.0.1 对于设有可再生能源发电装置的建筑，优先利用可再生能源发电装置产生的电能，可切实提高可再生能源的利用率，减少常规能源的消耗，降低运行费用，最大化的获得投资收益。

9.0.2 太阳能光伏板、太阳能集热器是收集、转换、使用太阳能的重要设备，要保持系统正常、高效运行，必须有可靠的维护保养措施。

太阳能光伏板、太阳能集热器会因为表面积灰等因素会遮挡太阳光线，导致其太阳能转换效率降低，故保持太阳能接收表面清洁是维持系统效率的重要保证。应定期清洗光伏板、集热器的表面，确保太阳能系统高效运行。

对于严寒及寒冷地区的太阳能集热系统，当太阳能集热系统采用防冻液防冻时，太阳能防冻液的浓度和特性会随着系统的运行而发生改变，当达不到系统安全运行的冰点要求时，会存在冻裂太阳能集热器和管道的危险，故应注意防冻液浓度检测，定期检测防冻液的浓度，当达不到设计要求时，应添加太阳能专用防冻液。防冻液使用寿命一般为 3 年 ~ 5 年，宜 3 年 ~ 5 年更换一次。

采用太阳能供热供暖的系统，太阳能在长期不使用、处于空晒和闷晒状态或供热量远小于太阳能集热量时，会导致集热系统发生过热现象。过热会使得太阳能防冻液裂解变质，或由于吸热板温度过高会损坏吸热涂层，并且由于箱体温度过高而发生变形以致造成玻璃破裂，以及损坏密封材料和保温层等，因此太阳能集热系统还应有完善的防过热措施。在太阳能集热系统运行时，应监测太阳能集热系统的温度变化，当温度超过规定值时，应采取相应技术措施，如开启散热装置散热、采取遮阳措施等，避免太阳能系统过热。

9.0.3 民用建筑对室内空气品质有一定的适应范围，供暖系统室内温度控制要求并不十分严格，允许一定的波动幅度存在。对于生活热水系统，用户对供水温度的要求严格得多，水温下降会造成用户舒适性下降。故对于共用太阳能集热系统的供暖及生活热水系统，控制策略上应首先保证生活热水的使用。

9.0.4 有防过热保护功能的太阳能供暖系统，以及采用热水循环防冻的太阳能集热系统，其太阳能集热侧和供暖末端均需持续供电，且需要保证自控系统和设备能有效运行，才能真正起到防过热、防冻作用。即使是长期不使用的供暖系统，为了保证系统的安全，也不应将系统断电停用，保证系统防冻、防过热功能可正常运行。

未设置太阳能自动防过热、防冻功能的系统，应加强人工管理，必要时应采取遮阳或排空太阳能集热系统内工质的措施。

9.0.5 在严寒寒冷地区，太阳能资源丰富，通常优先采用太阳能供暖系统，但由于太阳能的不稳定性，以光热利用为主的可再生能源供暖空调系统，一般均需要设置常规能源系统作为辅助能源。相对于辅助热源，太阳能集热系统管理技术性更强，实际工程运行人员更愿意直接采用辅助热源供暖，没起到充分应用太阳能的目的，不但造成节能运行目标成为空话，更造成了可再生能源系统投资浪费。所以在运行中，复合系统的控制策略一定要以优先使用可再生能源系统为基本原则。运行中宜根据负荷和机组容量，制定合理的冷热源转换启停运行模式，保证可再生能源系统的实际得到使用，才能使得可再生能源实际应用效果最佳、节能减排量最大化。

9.0.6 地埋管地源热泵系统运行的稳定性与土壤的热平衡有关，应防止热量在地下堆积，保证地下土壤温度不会逐年升高。对地源侧的温度进行监测分析，判断地源侧换热情况，保证土壤有足够的换热能力，系统才能稳定运行。夏热冬冷地区土壤源地源热泵系统冷负荷一般都远大于热负荷，系统需设置辅助散热设备，保持土壤热平衡。在制定控制策略时，系统辅助散热设备的启停宜根据地埋管换热器钻孔壁温度和室外空气湿球温度的差值来进行控制，以保证系统处于最节能的运行状态。

9.0.7 成井后井水中含沙量若达不到设计要求，在实际运行中会使水源侧水系统的阀门、管件、主机等设备及附件造成堵塞磨损。当系统过滤器等堵塞时，会增加循环泵的能耗，使设备磨损加重，同时水流量减少会导致机组能耗增加。所以要对除砂器、设备入口过滤器定期进行清洗，减少系统含沙量。

装有过滤除砂设备的系统运行中仍会有少量的细沙经过系统流到回灌井中，运行一段时间后细沙在井中沉淀下来，堵塞井壁，回灌能力下降，影响系统正常运行，为避免堵塞要定期回扬清洗处理。因此，地下水源热泵系统应定期对取水井和回灌井做清洗回扬处理，并定期对旋流除砂器及设备入口的过滤器进行清洗。

9.0.8 地源热泵系统地源侧阻力同设计方案、施工调试水平均有关，一般来说，因为具有较大的埋管敷设面积，埋管复杂多变且管程较长，满负荷下沿程阻力和局部阻力均较大，因此水泵扬程往往较高。部分负荷时，采用变频措施有利于减少地源侧水泵能耗。

目前地源热泵系统运行人员大部分为非专业人员，普遍认为系统在部分负荷下运行时，投入的地源孔越多换热效果越好，而且地源孔已经存在，不利用也是资源浪费，因此部分负荷运行时只调节地埋泵的开启台数而不相应关闭地源孔埋管阀门，导致地源侧流速过低。地埋管正常换热时要求换热器内液体保持稳流状态的要求，地源侧流速降低反而降低了换热量（地源侧流速降低 37%，地源孔换热量下降 18%）。因此，部分负荷下水泵变速运行或部分水泵运行时，应关闭部分地埋管换热器侧阀门，使地埋管换器的孔数宜与水泵台数相匹配，保证地埋管换热效率，同时保证循环泵处于较高效运行区间，并最终以系统效率最高为原则。

9.0.9 可再生能源建筑应用是建筑和可再生能源应用领域多项技术的综合利用。可再生能源应用系统保持高效稳定运行，才能实现其节能环保的目标。通过定期对可再生能源利用系统进行检测，有利于及时发现系统能效降低现象，也有助于管理者找到系统能效降低的原因，便于有针对性地及时整改。

本条文对可再生能源建筑应用工程节能环保等性能的测试与评价进行了规定和要求。具体能效测评指标要求如下：

1 太阳能热利用系统实际运行的集热系统效率应满足设计要求，当设计无明确规定时应满足表 3 的要求：

表 3　太阳能热利用系统的集热效率限值表

系统类型	太阳能热水系统	太阳能采暖系统	太阳能空调系统
集热效率限值/%	≥42	≥35	≥30

2　太阳能光伏系统实际运行的光电转换效率应满足设计要求；当设计无规定时应满足表 4 的要求：

表 4　太阳能光伏系统的光电转换效率限值表

电池种类	晶体硅电池	薄膜电池
光电转换效率限值/%	≥8	≥4

3　地源热泵系统实际运行的制冷、制热系统能效比应满足设计要求，当设计无明确规定时应满足表 5 的要求：

表 5　地源热泵系统能效比限值表

性能指标	系统制冷能效比	系统制热性能系数
能效比限值	≥3.0	≥2.6

10 监控系统与数据挖掘

10.1 一般规定

10.1.1 能源管理系统不仅应有数据采集功能，还宜具备数据分析、能源优化利用的功能，能通过软件汇总数据，提供运行、维修支持。

10.1.3 对用能情况进行详细的记录和统计，有利于分析建筑用能情况，找到不合理的能源消费，提高管理人员节能管理水平。记录数据要求尽量翔实，没有自动监测系统时，应采取手动记录的方式，获取相关信息。

设有自动监控系统的，系统根据用户设定的时间间隔获取运行参数并记录在电脑中。详细的记录数据有助于用户分析系统运行状态，挖掘节能空间，但同时会造成储存空间需求增加，因此用户应根据实际需要适当地设置数据采集时间间隔。采用电脑记录的能耗数据进行人工分析时，建议报表间隔不大于1 h 一次。对于无自动监控系统，能耗数据需要人工记录的，记录的时间间隔不宜大于 2 h 一次。

10.1.5 设有能源管理系统的工程，其自动报表功能一般都能生成相关成果，用于掌握现场的运行及用能规律、根据负荷变化和被监控对象的特性调整系统控制模式和控制参数、对节能运行措施的效果进行评价。对于未设置能源管理系统的工程，管理人员采用人工分析的办法，也能得到对节能运行有益的数据。附录表格列出了能耗记录及数据分析表格，管理人员可采用表格对运行数据进行分析。

10.1.6 单一设备节能并不代表整个系统都有节能收益，在确定冷却塔、冷水机组、冷却水泵的运行对应关系时，需要综合考虑整个系统的能效。应利用设备监控系统，统计系统各部分能耗，计算分析系统能效，以综合能耗最低为原则制定节能运行控制策略。

10.2 冷水机组与热泵

10.2.1 设置监控系统时，冷水机组与热泵应监控的参数，应按照现行国家行业标准《民用建筑供暖通风与空气调节设计规范》GB 50736、《建筑设备监控系统工程技术规范》JGJ/T 334的规定执行，本处仅列出在通过数据挖掘进行节能管理时需要用到的参数。通过对冷水机组与热泵的运行数据进行分析，可以判断冷水机组与热泵的运行是否正常，并挖掘出主机潜在的节能空间。这些参数的获取，在设有自动控制系统的时候，直接用软件汇总列表即可，在没有设置自动监控系统的时候，则需要管理人员到现场读取并记录相关数据。

10.2.2 机组的冷凝温度是指制冷剂蒸气在冷凝器中冷凝时，对应于冷凝压力的饱和温度，冷却水出水温度指的是冷凝器铜管内部的冷却水在流出冷凝器时的温度值，冷凝趋近温度就是冷凝温度与冷却水出水温度的差值。

趋近温度可表明换热器的换热能力，其值越小则换热效果越好。当换热面积无穷大时，理论上趋近温度可以接近零。一般情况下，趋近温度宜控制在2K以内。实际趋近温度大于新设备出厂趋近温度时，表明换热器换热能力出现了问题。

冷凝器水侧污垢的产生是造成趋近温度升高的主要原因。由于冷却水系统大多采用开式系统，微溶或难溶于水中的矿物质结晶析出，附着在传热管内表面形成水垢，混在水中的灰尘、泥沙、藻类、微生物菌落等沉积在传热管内表面形成污泥，管道内侧污泥增厚使得传热管内流通截面积减小，管壁粗糙度增加，使得水系统水泵功率增加；另一方面，传热表面热阻增加将导致污垢系数增大，直接影响传热效果，使得冷凝器趋近温度值增大，导致主机能效降低。

同样，冷媒侧也会因为缺冷媒、有空气、有油膜等导致冷凝趋近温度值增大。

当发现冷凝趋近温度升高时，应及时找到原因，并排除故障。对于水侧的水垢，一般可采用化学方法清洗，在不能使用化学清洗剂及水垢特别严重化学清洗对其无能为力的场合，宜采用通泡法清洗。

在线清洗装置可有效阻止水垢和淤泥聚集在管道内侧，减少清洗维护工作量。实际运行管理中，有条件的情况下，可在冷凝器入口增加该设备。

10.2.3 空调冷水机组的蒸发温度是制冷剂液体在蒸发器内蒸发时，对应于蒸发压力的饱和温度，冷冻水出水温度指的是蒸发器内部的冷冻水在流出蒸发器时的温度值，蒸发趋近温度就是蒸发温度与冷冻水出水温度的差值。蒸发趋近温度越小，表面蒸发器换热效果越好。

蒸发趋近温度升高会造成机组能耗增加，效率降低。发现趋近温度升高应及时排除故障。对蒸发器的清洗和维护可参照本标准第10.2.2条的方法执行。

10.2.4 根据负荷情况，及时加减载投入运行的制冷机组，才能保证末端的负荷需求。在同样制冷总量的情况下，可以选择投入不同数量主机参与运行，主机总能耗会因此完全不同。

根据空调系统形式不同，自动加机控制可以根据系统供回水温度、机组负荷率、压缩机电流百分比等方式来实现；自动减机控制则会根据旁通水流量、机组负荷率、压缩机电流百分比来实现。不恰当的控制原理，可能会造成有负荷需求的时候无法快速投入运行机组，有过剩负荷时主机不能及时停机造成能源浪费，采用系统供水温度控制时，还会出现大流量小温差现象引起水泵能耗增加。故管理人员应在实际运行管理中，根据系统负荷需求，检查加减载控制逻辑是否满足实际工程需求，在控制原理与实际情况有冲突时，应调整或修改控制策略。

对于前期未设置自动加减载控制的系统，鉴于根据旁通流量控制减载、根据实际空调负荷控制加减载等还需要增设相应的计量设备（如流量、能量计量装置），且精度要求较高，业主会因为有较大的增量投入不考虑自动加减载方式，只能由物业根据经验，采用供回水温度与设定温度的比值实现加减载。

事实上，根据供水温度控制，可能造成小温差大流量；根据回水温度控制，对于当整个水系统的容量较大时，回水温度的反馈有些滞后，不利于及时调节主机负荷对末端供需的匹配。机组电流的测量更容易获取（一般主机控制器上可直接读取该系统控制依据所需数据）。因为属于提前量判断控制，可在不影响机组供水温度偏离设定值时，就可以进行控制，对末端温湿度的影响不大。因此，对于未设置加减载控制程序的冷水机组，管理人员应密切注意冷水机组的运行电流百分比，并根据当时的气候特征、负荷情况，优先根据电流百分比实现机组加减载。

根据电流百分比确定加减载的方法如下：可读取每台机组的运行电流百分比并计算总和，当电流百分比之和除以运行机组的台数减一，得到的商小于设定值（如 80%）时，即可减机；投入运行的机组运行电流百分比大于设定值（为 90%）并且持续 10 min ~ 15 min 时，即可增加一台主机运行。

10.2.6 冰蓄冷系统实际运行的经济性与其蓄冷量、建筑的实际负荷需求有关。实际运行中应根据长期的实测记录，结合建筑负荷特征，采用恰当的负荷预测方法，尽量准确预测负荷需求并恰当蓄冰，做到当天蓄冰当天用完，最大程度发挥蓄冰系统的节省运行费用的特点。

10.2.7 设计一般按照全年最大负荷来选择冷水机组和空调末端。然而，一年中系统达到最大负荷的累计时间往往很少，机组多数时间在部分负荷的工况下运行。在部分负荷工况下，提高冷冻水出水温度，空调末端表冷器的平均温度升高将会影响末端供冷量，但鉴于此时末端的负荷要求并非最大，提高供水温度仍然能够满足房间冷负荷及湿负荷的要求，而冷水机组的效率可以大大提高（根据经验，在低负荷时，冷冻水温度的设定值可在设计值 7 °C 的基础上提高 2 °C ~ 4 °C。一般每提高出水温度 1 °C，能耗约可降低相当于满负荷能耗的 1.75%）。

实际运行中，管理人员可在部分负荷工况下适当提高出水温度，在保证空调效果的前提下，找出室外气温对应的最佳冷水机组出水温度，并记录以上数据。在数据足够丰富的时候，可绘制室外温度和出水温度关系示意图（图 4），用于指导不同气候下出水温度的设定。

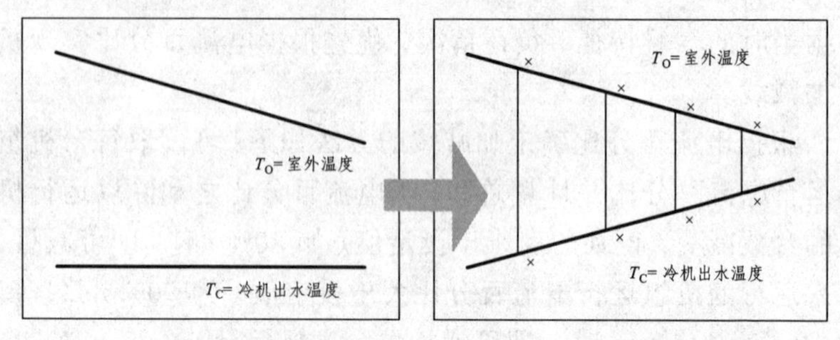

图 4　室外温度和出水温度设定关系示意图

10.2.8　影响空调系统冷热负荷及实际耗电量的因素很多，运维管理人员找出对建筑空调冷热负荷或耗电量影响最大的因素，并进行重点管控，是最有效的节能手段。

对于商业建筑，相对于维护结构来说，其空调冷热负荷受人流量的影响更大；对于酒店，则客房入住率可能会与空调冷热负荷直接相关。实际运行中，管理方可根据空调运行记录数据，建立空调负荷或耗电量与相关影响因素的关系图，并尝试找出对空调耗电量最敏感的影响因素，比如，对办公楼建立室外气温与空调负荷的对应关系图，对商场或酒店建立营业时间与空调负荷的对应关系图，对于展厅建立人员总数与空调负荷的对应关系图等，找出与空调负荷一致的因素，在节能运维管理中重点管控，并根据该因素制定主机启停、流量控制等运行控制策略。

10.2.9　现在很多建筑均设置有自动监控系统，并设有自适应预测算法。根据长期的实际运行数据，监控系统应可以做到较为准确的负荷预测，并以此决定主机运行台数及其运行参数，保证系统高效运行。能源管理系统程序参数一般都是预设的，供暖空调系统在运行一定时间之后，应检查并请相关人员协助调节程序参数，使之完全适应工程特点，达到节能运行目的。

对于没有设置能源管理系统的空调系统，利用管理人员的经验，同样可以达到节能运行的目的。物业管理人员最熟悉建筑物的负荷情况，管理人员在长期记录运行数据并对数据进行分析总结的基础上，根据经验可预测建筑空调负荷。根据负荷预测，优化当天机组运行台数及各机组的负载率，同样能达到节能效果。

10.2.10 随着使用时间增加，或在使用中未能正常维护保养设备，冷水机组效率会下降，造成能耗增加。根据平时记录的数据，计算分析主机的实时能效值，可及时发现问题。

冷水机组实时能效可采用式（1）进行计算：

$$COP = \frac{cm\Delta T}{N} \tag{1}$$

式中 N——主机电功率，kW；

c——水的比热熔，4.187 kJ/kg·°C；

m——水质量流量，kg/s；

ΔT——温差，°C。

10.3 锅炉及热力站

10.3.1 设置监控系统时，其参数应按照现行国家行业标准《民用建筑供暖通风与空气调节设计规范》GB 50736、《建筑设备监控系统工程技术规范》JGJ/T 334 的规定执行，本处仅列出在锅炉及热水机组在通过数据挖掘进行节能管理时需要用到的参数。

10.3.2 建筑供暖空调热负荷随着室外温度、建筑使用强度不同发生变化。设置供热量控制装置的主要目的是对供热系统进行总体调节，供热系统在保持室内温度的前提下，根据建筑实际热负荷需求提供热量。

对供热量的调节可采用质调节和量调节方式。通过变频控制系统实现水系统变流量运行就是一种量调节方式，可以减少水系统输送能耗。质调节则通过调整热源的供水温度来实现。

系统设有自控系统时，运维管理人员应定期检测调适自控系统，保证控制策略满足供热调节需求。对于未设置自控系统的，管理人员可根据长期运行数据，建立室外温度、建筑使用强度等影响因素与供热量之间的对应关系，并据此调节热水机组出水温度，也可以得到较大的节能运行收益。

气候补偿器是供热热源常用到的供热量控制装置，虽然不同企业生产的气候补偿器的功能和控制方法不完全相同，但基本上都是根据室外空气温度变化自动改变用户侧供（回）水温度、对热媒进行质调节的基本功能。系统未设置自控系统的，可通过加装气候补偿器实现节能运行。

10.3.3 对于带有预测算法的监控系统，可根据长期的实际运行数据进行自预测算法，控制机组的启停，保证机组及系统高效运行。

10.3.4 通过监测锅炉的排烟温度，可以了解锅炉是否处于正常工作状态。

排烟温度升高往往是由于以下几种原因造成：1）过量空气系数和燃气锅炉漏风系统过大；2）受热面积灰、结渣导致传热恶化，烟气冷却效果变差，排烟温度升高；3）燃气锅炉给水温度升高，省煤器的传热温差降低，使排烟温度升高；4）当燃料中水分增加时，烟气量增加，排烟温度上升，使得燃料中挥发分低，灰分高，使煤着火推迟，排烟温度上升；5）燃气炉膛负压过大时，烟速加快，漏风系数加大，排烟温度升高。无论什么原因造成排烟温度升高，都表示设备运行出现一定的不正常因素，引起了锅炉、热水机组能耗增加。监测排烟温度，可以简单地掌握锅炉运行状态，便于发现问题并及时采取整改措施。

10.3.5 烟气热回收器正常运行，均能得到很好的余热回收量，达到节能目的。烟气热回收器因降低了排烟温度可能会引起锅炉背压过低，反而降低了设备的效率。对于后期运行节能改造中加装烟气热回收器的系统，应确保设备效率不受影响。

10.3.6 水系统长期运行后，换热器内可能因污垢影响流量及换热效率。调研发现，平时水质管理不善的系统，其板式换热器内会产生大量淤泥，严重影响换热效果，同时也会增加换热器阻力，造成水泵输送能耗增加。通过对一、二次侧进出水压力长期数据的比对，可以及时发现换热器内堵塞问题。

发现换热器堵塞时，可采用化学清洗或拆开进行物理清洗。

当前很多工程都会忽视板式换热器外壳保温的问题，造成大量冷热量浪费。对于供热系统，未保温的换热装置会造成换热间或换热站内温度升高，不得不开启机房通风机保证环境温度，不但对水系统热量造成浪费，还会增加风机能耗。通过计算换热器一、二次侧热平衡情况，可以判断其保温效果是否满足要求。

10.4 供暖及空调水系统

10.4.1 设置监控系统时，其参数应按照现行国家行业标准《民用建筑供暖通风与空气调节设计规范》GB 50736、《建筑设备监控系统工程技术规范》JGJ/T 334 的规定执行，本处仅列出空调冷、热水系统在通过数据挖掘进行节能管理时需要用到的参数。

10.4.2 建筑竣工投入使用后，隐蔽工程的质量问题往往难以发现，保温效果不佳会造成冷水管道表面产生凝结水，不仅造成大量的能源浪费，还会影响装修，甚至引起电气事故。

实际运行中记录、比较冷热水系统沿途温度（如机组出水温度、总管供水温度、末端供水温度等），当发现沿途温度不一致时，可怀疑是否由于保温效果不佳造成。另外，将间歇运行系统停止运行与再次启动时水系统温度做比较，也能据此怀疑保温是否有质量问题。

除了保温效果不佳引起以外，系统供水管路或回水管路沿线水温不一致的原因比较多，比如，当发现机组的出水温度与供水总管温度不一致时，应该检查是否有未投入运行的机组阀门没有关闭或关闭不严，造成部分回水进入未开启的机组。

总之，检查系统供水管路或回水管路沿线水温一致性，是非常实用的检查工程质量的方法。

10.4.3 保持各支路水力平衡，可有效减少供热、空调水系统输送能耗，保持供热、制冷效果稳定。判断系统各回路是否达到水力平衡，各支路供水量是否满足实际需求，最直观的方法是检查各支路回水温度，分析各支路供回水温差与设计温差的差别。回水支路的温度高低，可直观地判断各个支路末端需求负荷与供给负荷之间的供需平衡关系。

由于系统调试及各回路实际负荷需求的不确定性，各回路回水温度与设计温度总会有偏差，此偏差也代表了各回路之间水量分配不均匀性。调整各支路阀门，使各支路实际供回水温差尽量接近设计温差，并保持各支路回水温度偏差在一定范围内，可最大限度实现各支路冷热水按需分配，达到节能目的。

10.4.4 冷热源停止运行后，水系统中的蓄冷、蓄热仍然可以为建筑提供冷热量。实际运行中很多管理人员都通过提前关闭主机，利用水系统中的蓄冷（热）制冷（热），希望达到节省运行费用的目的。然而提前关闭冷热源的方法不一定有节能作用，实际运行中应根据冷热系统和建筑负荷特点，合理确定是否利用水系统中的蓄冷（热）潜能。

对于系统保温效果不好的不连续运行系统，系统关机后，夜间系统内热损失较多，造成能源浪费，故可根据负荷预测和平时运行经验，提前关闭冷热源，利用水系统蓄冷（热）制冷（热）。

对于保温良好的建筑，空调非运行时间内系统热损失可控，是否提前关机，应根据建筑负荷及气候情况来确定：

1）空调水系统较小时，因其热容量不足，提前关闭冷热源可能造成水系统温度迅速升高（降低），很快就会影响空调制冷（制热）效果，不宜提倡。

2）热容量足够的时候，应根据气候对主机的影响来确定是否提前关闭冷热源。提前关闭冷热源，实际上是“将冷（热）量提前从水系统中提出”，需要在系统再次运行前，通过提前开机“重新往系统中补充冷（热）量”。在保温效果很好的情况下，最初“提取”的热量和再次运行“补充”的热量是一样的，但由于主机运行所处的室外环境温度不同（尤其是制冷工况），主机效率不同，消耗的能量并不相等。这种情况下，应根据主机的运行效率判断是否有必要提前停机。

比如对于 9:00—18:00 使用的办公楼，冷水机组提前在

17:00 停机，则第二天需要在 8:00 提前开机。下午 17:00 室外湿球温度较高，只能得到较高温度的冷却水，这个条件下，主机效率偏低。而早上 8:00 室外气温较低，有利于得到更低温度的冷却水，主机效率会有所提高，在经过综合比较耗电量明显降低的情况下，提前关机是有节能收益的。

而商场正常运行时间为 10:00—22:00，是否可以提前到 21:00 关闭冷水机组则需要仔细分析，很多情况下 21:00 时的气温还低于 9:00,冷水机组在 21:00 往往能得到更低温的冷却水，同样的制冷量需求下，冷水机组在 21:00 消耗的电量可能会低于在 9:00 消耗的电量，提前关机则得不偿失。

10. 4. 6 水泵长期低效运行不仅对设备本身有一定的影响，同时也将影响整个系统的能效。运行中应根据检测参数，计算水泵实际效率。水泵运行效率可按照式（2）进行计算：

$$\eta = V\rho g\Delta H / 3.6P \tag{2}$$

式中 η——水泵效率；

V——水泵平均水流量，m^3/h；

ρ——水的平均密度，kg/m^3；

g——自由落体加速度，取 9.8 m/s^2；

ΔH——水泵进、出口平均压差，m；

P——水泵平均输入功率，kW。

水泵实际耗电输冷（热）比可按照现行国家标准《民用建筑供暖通风与空气调节设计规范》GB 50736 的规定执行。

水泵长期处于低效运行，有可能是因为水力分配、系统调适等实际工况偏离设计状态，或者是因为长期运行后管网内部锈蚀、阀件堵塞等原因造成，当然设计选型偏大也是经常出现的现象，宜采取措施整改。

根据积累的系统运行数据，对水泵叶轮采取切割再加工，可使水泵最大限度符合系统实际需要并保持高效运行，这是比较最有效的水泵调适措施。

10.4.7 当出现水泵流量过大或电流过载情况时，物业管理人员往往采用关小阀门或者多开启一台水泵的方式来避免单台水泵过载的情况。这两种调节方式均浪费了多余的能耗，同时也致使水泵的效率降低。在技术经济合理的条件下，应采用水泵调速的方法来控制流量或扬程，达到节能降耗的目的。

10.4.9 温差控制法的工作原理是在供回水总管或分、集水器上设置温度传感器，在部分负荷运行工况下，将实际供回水温差与预先设定的温差进行比较，控制器根据预设偏差值，控制水泵的转速。冷机出水温度通常可以设定并能够保持恒定不变，因此供回水温差控制实际上是回水温度控制。温差控制法与末端风量的变化无关，无论末端是定风量系统还是变风量系统，水泵调节运行都可采用温差控制法来控制。

压差控制法的工作原理是根据供回水管道之间的压差信号控制水泵变频调节的一种控制方法。最不利末端支路压差控制法是仅在最不利末端支路供回水支路上设置压差传感器和压差变送器，调节阀开度根据室内负荷变化调节，引起最不利末端支路压差变化，压差变送器传输末端盘管、调节阀、通断阀和支管的总压差至压差控制器，压差控制器将此值与预先设定的压差值进行比较，控制电动机频率，调节水泵转速。

最不利末端支路压差控制法大多用于电动调节阀调节空气处理机组流量的全空气空调系统的水路控制中，以保证空气处理机组有合适的出风温度。因为流量调节中表冷器换热面积保持不变，由空气-水换热设备换热量与水量的关系曲线可知，负荷减少时，温差不断增大，不仅所需流量减小，而且流量减小的速度比负荷减小的速度快，对此调节阀流量调节的余地大。压差控制法不太适应末端通、断阀控制的风机盘管水系统。因为在中、高空调负荷率下，通、断阀的开和关对整个水系统的阻力系数影响最小，由此引起的总水量变化可以忽略不计，所以水系统压差几乎不变，很难获得变化的压差值。对于这种系统一般不采用压差控制法，采用最多的应是温差控制法。

10.4.10 当变频水泵并联运行在部分负荷时，水泵、电机、变频器的效率都会发生变化，应关注真实的综合能效，当控制系统检测到综合效率下降明显的情况时，采取必要控制手段提高水泵效率。

传统的水泵加减载采用与主机一一对应的原则，往往没有考虑到泵组效率的变化情况，比如：单台额定流量为 100 m^3/h 的 4 台水泵并联运行可达到设计满负荷的流量要求（设计总流量为 400 m^3/h），实际运行中若负荷需求流量为 280 m^3/h，此时可以开启 3 台泵，也可以运行 4 台泵，有些时候会发现运行 4 台泵的泵组效率比运行 3 台泵的泵组效率更高，运行 4 台泵的总能耗反而更低，此时采用与主机一一对应的原则就不满足节能的要求。

10.5 空调冷却水系统

10.5.1 本处仅列出在冷却水系统在通过数据挖掘进行节能管理时需要用到的参数。设置监控系统时，其参数应按照现行国家行业标准《民用建筑供暖通风与空气调节设计规范》GB 50736、《建筑设备监控系统工程技术规范》JGJ/T 334 的规定执行。

10.5.2 冷却塔效率的高低将直接影响进入冷机冷凝器的水温，从而影响机组能耗。冷却塔处于室外空气中，长期运行造成换热器表面淤泥堆积、冷却塔填料损坏、运行中出现冷却塔布水不均匀等现象，都可能导致冷却塔效率降低。因此，对于冷却塔效率的分析将显得尤为重要。发现冷却塔效率降低时，应分析原因，有针对性地解决问题。根据平时记录和测试的结果，可采用式（3）进行计算得出冷却塔效率：

$$\eta=\frac{t_g-t_h}{t_h-t_w} \tag{3}$$

式中 η——冷却塔效率，%；

t_g——冷却塔供水温度，°C；

t_h——冷却塔回水温度，°C；

t_w——室外空气湿球温度，°C。

10.5.3 过渡季节采用“冷却塔免费供冷”，可有效减少系统制冷能耗，但运维管理人员应确认“冷却塔免费供冷”技术适用于系统。冷却塔不具备免费制冷工况的相应配置时，室内空气温湿度效果无法保证，导致免费制冷的失败，甚至运行过程中填料有结冰的风险。

采用“冷却塔免费供冷”时，由于供水温度并非室内末端的标准设计工况，制冷能力会有所下降，因此应根据室内负荷需求、末端盘管供冷能力等因素合理确定冷却塔供冷的条件，保证系统满足室内温湿度要求。长期记录条文中列出的数据，并分析“冷却塔免费供冷”开启的时间、供冷效果与室外工况等参数之间对应关系，找到合理利用该技术的工况，有利于指导“冷却塔免费供冷”运行，在保证房间舒适度的前提下获得节能收益。

10.5.4 为了挖掘冷却水系统的节能空间，实际工程中冷却水采用变流量的运行方式。对于这样的系统，运维管理方应先核实冷水机组和冷却塔是否允许冷却水变流量运行，并判断冷却水变流量运行是否确有节能收益。

并不是所有的冷却塔都能适应冷却水变流量运行。采用了变流量喷头和特殊布水设计的冷却塔，在冷却水变流量运行或冷却塔风机变速运转时，才能有效保证高效可靠运行。

另外，变冷却水流量系统中，冷却水泵有一定的节能空间，但当通过冷机冷凝器的流量减少时，进出冷凝器冷却水温差增大，使冷凝温度升高。同时，流量减少使得冷凝器管内流速降低，冷凝器侧的传热系数降低，也造成冷凝温度升高。冷凝温度升高势必造成机组的 COP 降低。因此，应综合考虑冷却水泵变频节能对机组能耗的影响是否使得两者综合能耗降低。

10.5.5 目前冷却水变流量运行常用到的控制方式有“冷凝器进出水温差”控制、“冷凝器出水温度”控制、“室外空气湿球温度与冷却塔出水温度逼近度”控制及“计算主机、冷却塔、冷却泵综合能效”控制四种方式。

“冷凝器进出水温差”控制工作原理是设定冷却水通过冷凝器的进出水温差ΔT，在运行中保持该温差恒定。冷负荷发生变化，冷却水经过冷凝器后ΔT 会发生变化。比如，建筑冷负荷降低时，因冷水机组蒸发器承担的负荷降低，冷却水经过冷凝器后ΔT 就会减少。此时控制系统对冷却水泵采取变频调速措施，降低水泵转速，使得通过冷凝器的水量减少，从而使冷凝器的ΔT 恢复至设定温差。水泵变速运行获得节能收益。该控制方式的缺点是：ΔT 对应的是冷机满负荷时的设计额定流量，在室外气象条件处于非设计工况时，比如室外湿球温度较低时，系统较容易得到更低的冷却水温度，这种情况下增大ΔT并不会造成主机效率降低，却可进一步减少水泵能耗。但由于系统采用了恒定ΔT的控制方法，系统得不到该节能收益。

“冷凝器出水温度”控制法是以冷凝器出水温度作为被控对象，间接控制冷凝温度的控制方法。当系统处于部分负荷且冷却水流量不变时，冷凝器出水温度降低，偏离设定值，控制器根据偏差信号控制水泵转速变频，减小冷却水流量，以维持冷凝器出水温度值不变。冷却水供回水温度只与冷凝器允许最高出水温度和最低进水温度有关，因此冷凝器进出水温差的可变范围较大，可进一步实现水泵的变频调节。即使冷机处于满负荷工况，只要室外空气温度为非设计工况，冷凝器进出水温度满足机组的安全运行范围，就可以通过减少冷却水量来实现节能。此控制方法可进一步扩大变频水泵的节能空间，但由于冷水机组冷凝器并不一定处于是最佳冷凝温度运行（因出水温度恒定，在进水温度较低时，冷凝器进出水温差增大会导致冷凝器平均温度较高），无法进一步挖掘制冷水机组的节能潜力。

“室外空气湿球温度与冷却塔出水温度逼近度”控制法的工作原理是：冷却塔出水温度等于“室外湿球温度”加上“冷却塔换热达到极限时的过余温度”。对于开式系统而言，在整个空调季节，过余温度并不一定是恒定的，通常是个变值。冷却塔出水温度基本上比室外湿球温度高 2.8 °C ~ 5 °C，因此可以按照冷机工作模式，把湿球温度分成若干个温度区间，分别设定各温度区间内冷却塔出水温度值作为温度控制器的给定值，控制器将实测温度值与此设定值进行比较，控制冷却水泵变速调节运行。

从三种控制策略对机组的影响分析，在冷凝器换热量相同的情况下，“冷凝器出水温度”控制法所需流量<“室外空气湿球温度与冷却塔出水温度逼近度”控制法所需流量<“冷凝器进出水温差”控制法所需流量。从能量平衡角度判断，“冷凝器出水温度”控制法的出水温度>“室外空气湿球温度与冷却塔出水温度逼近度”控制法的出水温度>“冷凝器进出水温差”控制法的出水温度。在冷却塔风机功率不变的情况下，控制冷机冷凝器出口温度不变实际上就是将收益交给冷却水泵，而冷机基本上得不到节能利益；而控制冷凝器进出水温差则是将收益大多交给主机，水泵获益很少。对此来看，最优控制应介于其中间，即是“室外湿球温度与冷却塔出水温度逼近度”控制法。

通过上述分析可知，控制策略对冷却水泵变流量节能大小及主机的能效影响均不一样。对此考虑水泵变流量是否节能还应着重考虑冷却水泵能耗及冷却水泵能耗在冷机总能耗中所占的比例。冷却水变流量时冷却泵会节能，但主机会更耗能；一台主机对多台冷却塔时主机会节能，但冷却塔会更耗能；降低冷却水进水温度的控制逻辑主机会节能，但冷却塔和水泵可能都会更耗能。“计算主机、冷却塔、冷却泵综合能效”控制逻辑是以主机、冷却塔、冷却泵综合能耗最低为目标，适时预判各自情况下的能效，并择优选取运行方式。

10.5.6 对于干管制（即共用供、回水干管）的冷却水系统，在部分负荷工况下，可采用“一机对多塔”的方式运行。由于增加了冷却换热面积，一般情况下能得到更低的冷却水回水温度，可以提高主机运行效率。室外空气湿度较低时，甚至可以不开启冷却塔风机就能得到主机需要的回水温度，此时还可以节省冷却塔风机耗电量。

要注意部分负荷下，并非投入的冷却塔越多越好。在特定的室外空气湿球温度下，能得到的冷却水回水温度是有下限值的，若冷却水回水温度已经接近该下限值，再增加投入运行的冷却塔数量时，冷却塔回水温度降低对主机能耗的减少量并不能抵消冷却塔风机能耗的增加量，反而造成能耗增加。

另外，“一机对多塔”运行时，可能造成单台冷却塔实际流量远远小于其额定流量，可能造成冷却塔布水不均匀，填料表面水膜不均匀反而会影响冷却塔的换热效率。实际运行中应控制单台冷却塔的实际冷却水流量不低于其额定流量的 60%。

因此，在实际运行中应根据长期运行数据和经验，比较主机、冷却塔及水泵的综合能耗，并灵活应用“一机对多塔”技术。

10.6 其 他

10. 6. 1 长期监测风系统阻力元件的工作状态，根据阻力变化可以及时发现系统异常。系统阻力增加可能是表冷器、过滤装置脏堵引起，应及时清洗或更换以排除故障。过滤网破烂、阀门失调可能引起系统阻力下降；中、高效过滤装置滤料两侧压差过大击穿滤料也会造成系统阻力陡降。通过检测系统阻力，有利于及时发现问题，通过整改能避免过滤器效率降低造成室内环境污染。

10. 6. 2 按水平衡测试要求安装的分级计量水表，其数据可用于检测管供水系统用水量情况和管网漏损。水平衡测试仪表的水量关系异常，可能有两个原因：管网渗漏和水表工作异常，发现数据异常应及时整改。

10. 6. 3 再生水利用系统的原水收集量、处理量和再生水实际利用量的水量平衡关系，对再生水利用系统的节能性至关重要。一方面，当原水收集量远远大于实际需求量时，应减少原水收集范围，增加外排水量，或者扩大再生水利用范围；另一方面，当再生水利用量太小，再生水制造成本将大幅增加，整个再生水利用系统经济性、节能性也变差。

10. 6. 4 根据前面第 6.2.1 条要求，“应对建筑日耗电量、月耗电量及年耗电量，并对建筑物公共用电的各计量表月耗电量及年耗电量数据进行单独统计”，上述要求为记录用电的基础数据，记录不是最终目的，是希望通过对记录数据的分析，进而发现是否有节能空间、是否因管理不到位未能实现节能运行，甚至以此判断机电系统是否非正常运行。当对同一季节不同天的数据对比，或不同年同一月份的数据对比发现用电异常时，应分析和查找变化原因。用电异常的原因可能是由于建筑人员增加（如商业建筑的客流大幅提升）而正常提升，也有可能是因为机电系统非正常运行导致的电能使用大幅提升，需要结合建筑性质进行综合分析。通过分析查找原因，若为机电系统非正常运行所致，应及时制定相应的改进措施。